21世纪高等学校机械设计
制造及其自动化专业参考书

机械制造技术基础

学习辅导与题解

熊良山　编著

华中科技大学出版社
中国·武汉

内 容 简 介

本书是熊良山编写的机械设计制造及其自动化专业本科教材《机械制造技术基础》(第二版)的配套教学用书。

本书按照《机械制造技术基础》的体系结构，逐章简述了课程各部分的主要内容、学习要求、学习重点与难点，并重点归纳了各章的学习要点，给出了编者在多年教学过程中总结的解决部分难点内容的具体方法，以及所有例题的详细解答和自测题。在本书的最后，还以附录的方式给出了5套模拟考试试题及参考答案。

本书是《机械制造技术基础》教材的内容精简版、要点归纳版、难点解析版和试题讲解版，既可以帮助学生加深对教材内容的理解和掌握，便于复习备考；又可以帮助教师更好地把握课堂讲授和出题考核的重点，方便备课；还可以帮助从事相关工作的工程技术人员厘清这门课程的自学思路，掌握自学要点。总之，本书是参与“机械制造技术基础”课程教学与学习活动不可或缺的好帮手。

图书在版编目(CIP)数据

机械制造技术基础学习辅导与题解/熊良山 编著. —武汉：华中科技大学出版社，2014.1(2024.7重印)
ISBN 978-7-5609-9651-6

Ⅰ.①机… Ⅱ.①熊… Ⅲ.①机械制造工艺-高等学校-教学参考资料 Ⅳ.①TH16

中国版本图书馆CIP数据核字(2014)第017500号

机械制造技术基础学习辅导与题解 熊良山 编著

责任编辑：万亚军
责任编辑：周忠强
封面设计：潘 群
责任校对：李 琴
责任监印：张正林
出版发行：华中科技大学出版社(中国·武汉) 电话：(027)81321913
武汉市东湖新技术开发区华工科技园 邮编：430223
录 排：华中科技大学惠友文印中心
印 刷：广东虎彩云印刷有限公司
开 本：787mm×960mm 1/16
印 张：10.5
字 数：240千字
版 次：2024年7月第1版第4次印刷
定 价：29.80元

21世纪高等学校
机械设计制造及其自动化专业系列教材

总　序

“中心藏之，何日忘之”，在新中国成立60周年之际，时隔“21世纪高等学校机械设计制造及其自动化专业系列教材”出版9年之后，再次为此系列教材写序时，《诗经》中的这两句诗又一次涌上心头，衷心感谢作者们的辛勤写作，感谢多年来读者对这套系列教材的支持与信任，感谢为这套系列教材出版与完善作过努力的所有朋友们。

追思世纪交替之际，华中科技大学出版社在众多院士和专家的支持与指导下，根据1998年教育部颁布的新的普通高等学校专业目录，紧密结合“机械类专业人才培养方案体系改革的研究与实践”和“工程制图与机械基础系列课程教学内容和课程体系改革研究与实践”两个重大教学改革成果，约请全国20多所院校数十位长期从事教学和教学改革工作的教师，经多年辛勤劳动编写了“21世纪高等学校机械设计制造及其自动化专业系列教材”。这套系列教材共出版了20多本，涵盖了机械设计制造及其自动化专业的所有主要专业基础课程和部分专业方向选修课程，是一套改革力度比较大的教材，集中反映了华中科技大学和国内众多兄弟院校在改革机械工程类人才培养模式和课程内容体系方面所取得的成果。

这套系列教材出版发行9年来，已被全国数百所院校采用，受到了教师和学生的广泛欢迎。目前，已有13本列入普通高等教育“十一五”国家级规划教材，多本获国家级、省部级奖励。其中的一些教材(如《机械工程控制基础》、《机电传动控制》、《机械制造技术基础》等)已成为同类教材的佼佼者。更难得的是，“21世纪高等学校机械设计制造及其自动化专业系列教材”也已成为一个著名的丛书品牌。9年前为这套教材作序的时候，我希望这套教材能加强各兄弟院校在教学改革方面的交流与合作，对机械工程类专业人才培养质量的提高起到积极的促进作用，现在看来，这一目标很好地达到了，让人倍感欣慰。

李白讲得十分正确："人非尧舜，谁能尽善？"我始终认为，金无足赤，人无完人，文无完文，书无完书。尽管这套系列教材取得了可喜的成绩，但毫无疑问，这套书中，某本书中，这样或那样的错误、不妥、疏漏与不足，必然会存在。何况形势总在不断地发展，更需要进一步来完善，与时俱进，奋发前进。较之9年前，机械工程学科有了很大的变化和发展，为了满足当前机械工程类专业人才培养的需要，华中科技大学出版社在教育部高等学校机械学科教学指导委员会的指导下，对这套系列教材进行了全面修订，并在原基础上进一步拓展，在全国范围内约请了一大批知名专家，力争组织最好的作者队伍，有计划地更新和丰富"21世纪机械设计制造及其自动化专业系列教材"。此次修订可谓非常必要，十分及时，修订工作也极为认真。

"得时后代超前代，识路前贤励后贤。"这套系列教材能取得今天的成绩，是众多机械工程教育工作者和出版工作者共同努力的结果。我深信，对于这次计划进行修订的教材，编写者一定能在继承已出版教材优点的基础上，结合高等教育的深入推进与本门课程的教学发展形势，广泛听取使用者的意见与建议，将教材凝练为精品；对于这次新拓展的教材，编写者也一定能吸收和发展同类教材的优点，结合自身的特色，写成高质量的教材，以适应"提高教育质量"这一要求。是的，我一贯认为我们的事业是集体的，我们深信由前贤、后贤一定能一起将我们的事业推向新的高度！

尽管这套系列教材正开始全面的修订，但真理不会穷尽，认识决无终结，进步没有止境。"嘤其鸣矣，求其友声"，我们衷心希望同行专家和读者继续不吝赐教，及时批评指正。

是为之序。

中国科学院院士 杨叔子

2009.9.9

前 言

"机械制造技术基础"课程是机械设计制造及其自动化、机械电子工程(机电一体化)等机械类专业的一门主要专业基础课。

承蒙广大读者的厚爱,熊良山等编写的"机械制造技术基础"课程教材《机械制造技术基础》自出版以来,被许多兄弟院校选为教材,受到广大师生的肯定,并多次获奖,每年发行量均超过1万册。本书是该书的配套教学用书。

由于历史的原因,"机械制造技术基础"涵盖了机械制造专业传统的5门专业基础课——"金属切削原理"、"机床概论"、"机床夹具设计"、"机械制造工艺学"和"特种加工技术"的基础知识与基本理论,造成这门课程内容庞杂,增加了教师在教学过程中把握课程教学重点的难度;同时由于教材的绝大部分内容都很经典,且分属于5门不同的课程,统一到一起成为一门独立课程的教材的时候,做了较大的精简,结果造成学生对许多内容的学习、理解困难。比如,对组合定位方案中各定位元件具体约束的工件自由度的判断,由于教材没有进行详细讲解,学生就感到很难理解和掌握。而市面上流行的几乎所有教材,都没有将这个问题讲述清楚。编者自我国高校设立"机械制造技术基础"课程以来,一直作为主讲教师参与该课程的教学活动,对本课程教学过程中存在的上述问题有深切的感受。"这门课程需要一本帮助师生把握课程教学重点、理解教学难点的配套学习辅导书。"这是参与这门课程教学与学习活动的广大师生的共同心声。本书就是在这样的背景下编写出版的。

本书按照《机械制造技术基础》(第二版)的体系结构,逐章简述了该书各部分的主要内容、学习要求、学习重点与难点,并重点归纳了各章的学习要点,给出了编者在多年教学过程中总结的解决部分教学难点内容的具体方法,以及所有例题的详细解答和自测题。在本书的最后,还以附录方式给出了5套模拟考试试题及参考答案。

需要说明的是,尽管本书按照《机械制造技术基础》(第二版)的体系结构进行叙述,但编者并不刻意追求与《机械制造技术基础》(第二版)的体系结构严格一致,或者一一对应,而是从配合教学和帮助学生提高学习效率出发,根据多年来参与本课程教学所积累的教学经验、学生学习中所反映的问题来组织内容，决定叙述顺序和表述方式。

从某种意义上讲，本书是《机械制造技术基础》教材的内容精简版、要点归纳版、难点解析版和试题讲解版。编写的主要目的就是方便教师进行课堂教学备课、出题考核，方便学生自学、复习时把握课程重点，理解课程难点，掌握应用有关知识和理论解决工程实际问题的方法，提高课程的教学质量和教学效果。

本书在编写过程中，得到了参与编写《机械制造技术基础》教材的多位专家教授的指导和帮助，以及华中科技大学出版社的大力支持，在此表示衷心感谢。

由于编者经验不足，水平有限，成书时间仓促，书中内容一定存在不少错误和不妥，恳请专家和广大读者批评指正，不胜感激。

编　者

2013 年 8 月于喻家山下

目 录

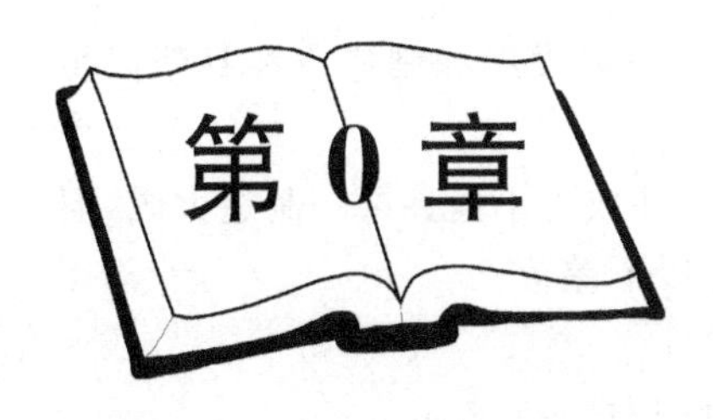

绪论

0.1 主要内容

本章从论述制造业和制造技术在国民经济中的地位、作用和我国制造技术与国外先进制造技术的差距出发，阐述学习本课程的意义；在介绍机械制造学科的范畴、研究内容，以及先进制造技术的特点、发展趋势的基础上，提出本课程的学习要求、学习方法与学习建议。

0.2 学习要求

0.2.1 学习要求

(1) 了解本课程所属学科在国民经济中的地位、作用及我国制造技术的发展现状。

(2) 熟悉制造业、制造技术、制造工艺过程、先进制造技术等概念的含义，明确本课程的研究领域、内容范围、学习目的和学习要求，激发学习本课程的兴趣和热情。

(3) 掌握本课程的基本特点、学习要求和学习方法。

0.2.2 学习重点与难点

(1) 我国制造业和制造技术的现状及其与发达国家之间的差距。

(2) 先进制造技术的特点。

(3) 课程学习要求。

0.3 要点归纳

0.3.1 制造业和制造技术在国民经济中的地位和作用

制造业是将各种原材料加工成可用的工业制成品的工业。

制造技术是使原材料变成产品的技术的总称，是国民经济得以发展和制造业本身赖以生存的关键基础技术。

中国已能制造许多世界领先的科技产品和大型成套设备，并成为了世界第一制造大国，但还不是制造强国，与国际先进水平相比，我国的制造业仍存在以下差距：

(1) 工业生产能耗和物耗高，工业企业对环境的污染严重；

(2) 制造业的劳动生产率低下，平均只相当于发达国家的 1/15～1/20；

(3) 工业产品质量差，中、高端技术含量低，缺乏市场竞争力；

(4) 企业研发投入严重不足，技术创新能力严重不足；

(5) 科技创新成为制约“中国制造”发展的关键因素。

0.3.2 机械制造科学的概念与研究内容

机械制造是将设计输出的指令和信息输入机械制造系统，加工出合乎设计要求的产品的过程。机械制造科学是研究机械制造系统、机械制造过程和机械制造方法的科学。

0.3.3 先进制造技术的特点及发展趋势

先进制造技术是传统制造业不断吸收机械、电子、信息、材料及现代管理等方面的最新成果，将其综合应用于制造的全过程，以实现优质、高效、低消耗、敏捷及无污染生产的前沿制造技术的总称。

1. 先进制造技术的主要特点

(1) 先进制造技术贯穿了从产品设计、加工制造到产品销售及使用维修等全过程，成为“市场→产品设计→制造→市场”的大系统，而传统制造工程一般单指加工过程。

(2) 先进制造技术充分应用计算机技术、传感技术、自动化技术、新材料技术、管理技术等技术的最新成果，与其他学科不断交叉、融合，相互之间的界限逐渐淡化甚至消失。

(3) 先进制造技术是技术、组织与管理的有机集成，特别重视制造过程组织和管理体制的简化及合理化。

(4) 先进制造技术并不追求高度自动化或计算机化，而是通过强调以人为中心，实现自主和自律的统一，最大限度地发挥人的积极性、创造性和相互协调性。

(5) 先进制造技术是一个高度开放且具有高度自组织能力的系统，通过大力协作，充分、合理地利用全球资源，不断生产出最具竞争力的产品。

(6) 先进制造技术的目的在于能够以最低的成本、最快的速度提供用户所希望的产品，实现优质、高效、低耗、清洁、灵活生产，并取得理想的技术经济效果。

2. 先进制造技术的主要发展趋势

(1) 向自动化、集成化和智能化的方向发展。

(2) 向高精度、高效率方向发展。

(3) 综合考虑社会、环境要求及节约资源的可持续发展的制造技术将越来越受到重视，绿色产品、绿色包装、绿色制造系统、绿色制造过程将在本世纪普及。

(4) 从制造死物向制造活物方向发展。

0.3.4　课程的学习要求和学习方法

"机械制造技术基础"是机械设计制造及其自动化专业的一门重要的专业基础课程。课程的特点是实践性很强，学习要求如下。

(1) 掌握金属切削过程的基本概念和控制切削过程的基本理论，具有根据加工条件合理选择刀具种类、刀具材料、刀具几何参数、切削用量及切削液的能力。

(2) 熟悉各种机床的用途、工作原理、工艺范围，具有通用机床传动链分析与调整的能力。

(3) 了解机床夹具的基本概念，具有初步设计、分析和选用夹具的能力。

(4) 熟悉机械加工精度的概念和基本理论，掌握分析和控制机械加工误差、提高加工精度的常用方法和工艺途径。

(5) 掌握机械制造工艺的基本理论，具备制订机械加工工艺规程和装配工艺规程的能力。

(6) 对机械制造技术的新发展有一定的了解。

0.4　自　测　题

0-1　什么是制造业？什么是制造技术？

0-2　当前我国制造业与国际先进水平相比存在的主要差距是什么？

0-3　上网了解我国制造业和制造技术近期取得了哪些重大成果，简述其中最让你感到自豪的2～3项成果的主要技术参数、战略意义和应用前景。

0-4　简述先进制造技术的内涵、特点及主要发展趋势。

切削与磨削过程

1.1 主要内容

金属切削过程与刀具的基本知识;金属切削过程的变形;切削力及其影响因素;切削热与切削温度;刀具磨损与耐用度;工件材料的切削加工性及其改善;刀具材料、几何参数、切削用量、切削液的选择;磨削过程及磨削机理;高速切削与高效磨削;非金属硬脆材料的切削。

1.2 学习要求

1.2.1 学习要求

(1) 掌握金属切削过程与切削变形的基本知识,掌握主运动、进给运动、切削用量三要素、前角、后角、刃倾角、主偏角、副偏角、三个变形区、变形系数、剪切角、积屑瘤、鳞刺、刀具耐用度、切削用量最佳化、工件材料的切削加工性等概念。

(2) 了解切削过程中产生的各种物理现象,包括切削力、切削热、切削温度、积屑瘤、刀具磨损和破损等,以及影响这些物理现象的因素和一般规律。

(3) 掌握磨屑的形成过程,掌握磨削的基本特点。

(4) 具备根据加工要求选择合适的切削刀具(材料和几何参数)、切削用量、切削液和刀具耐用度的能力。

1.2.2 学习重点与难点

(1) 刀具角度的定义、工作切削角度的计算、刀具材料的性能及常用刀具材料与刀具几何参数的选择。

(2) 三个变形区的材料变形特点及切屑变形程度的表示方式。

(3) 积屑瘤、鳞刺对切削过程的影响,避免和减少积屑瘤、鳞刺的措施。

(4) 切削力、切削热、切削温度场和刀具耐用度的概念,刀具磨损/破损的原因。

(5) 切削液的作用,切削用量最佳化的概念,磨屑的形成过程与磨削特点。

1.3 要点归纳

1.3.1 金属切削过程与刀具的基本知识

1. 基本概念

(1) 主运动:工件与刀具产生相对运动以进行切削的基本运动。主运动的速度最高,消耗的功率最大。

(2) 进给运动:不断地把被切削层投入切削,以逐渐切削出整个工件表面的运动。进给运动一般速度低,消耗的功率较少,可由一个或多个运动组成,可以是连续的,也可以是断续的。一台机床可以有一个或多个进给运动,也可以没有进给运动(比如拉床就没有进给运动)。

(3) 切削用量:切削速度 v_c、进给量 f(或进给速度 v_f)和背吃刀量 a_p 三者总称为切削用量。

(4) 切削层公称厚度(h_D):垂直于过渡表面测量的切削层尺寸,即相邻两过渡表面之间的距离。

(5) 切削层公称宽度(b_D):沿过渡表面测量的切削层尺寸。

(6) 切削层公称横截面积(A_D):切削层在切削层尺寸平面内的实际横截面积。

(7) 定义刀具角度的参考系:由基面、切削平面和正交平面组成标注刀具角度的正交平面参考系。

(8) 基面(P_r):通过主切削刃上选定点,垂直于该点切削速度方向的平面。

(9) 切削平面(P_s):通过主切削刃上选定点,与主切削刃相切,且垂直于该点基面的平面。

(10) 正交平面(P_0):通过主切削刃上选定点,垂直于基面和切削平面的平面。

刀具的标注角度是制造和刃磨所需要的,并在刀具设计图(工作图)上予以标注的角度。外圆车刀的标注角度包括前角 γ_0、后角 α_0、主偏角 κ_r、副偏角 κ'_r 和刃倾角 λ_s,如图 1-1 所示。

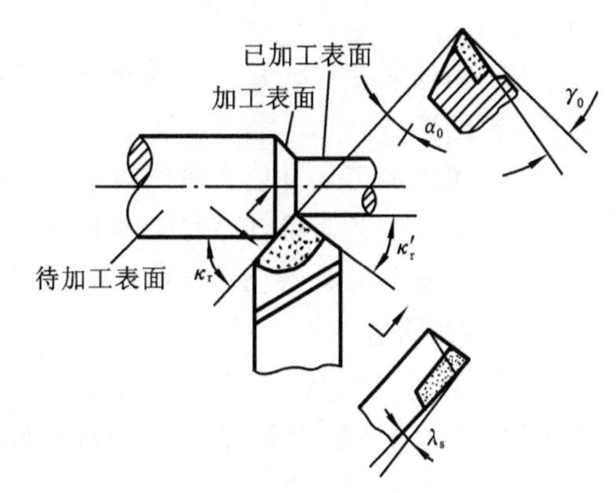

图 1-1 外圆车刀的标注角度(刀具工作图)

(11) 前角(γ_0):在正交平面内测量的前刀面与基面间的夹角。

(12) 后角(α_0):在正交平面内测量的主后刀面与切削平面间的夹角。

(13) 主偏角(κ_r):在基面内测量的主切削刃在基面上的投影与假定进给运动方向的夹角。

(14) 副偏角(κ'_r):在基面内测量的副切削刃在

基面上的投影与假定进给运动反方向的夹角。

(15) 刃倾角(λ_s):在切削平面内测量的主切削刃与基面间的夹角。

(16) 刀具工作角度:以切削过程中实际的基面、切削平面和正交平面为参考系所确定的刀具角度称为刀具工作角度,又称实际角度。

横向进给运动、轴向进给运动、刀具安装高低和刀杆偏斜等对工作角度都有影响。

常用的刀具角度还有法前角(γ_n)、法后角(α_n)、进给前角(γ_f)、进给后角(α_f)、背向前角(γ_p)、背向后角(α_p)等。

刀具切削时,根据刀刃形状、参与切削的刀刃数量、刀刃位置、切削角度及其与切削速度之间的关系的不同,可以将切削方式分为自由切削与非自由切削、直角切削与斜角切削。实际切削大多属于非自由切削或斜角切削。

2. 刀具材料应具备的性能

(1) 高的硬度:60HRC 以上,比工件的高。

(2) 高的耐磨性:是刀具耐用度的保证。

(3) 足够的强度和韧度:承受切削载荷后不崩刃,不折断。

(4) 高的耐热性(热稳定性):高温时可以加工。

(5) 良好的热物理性能和耐热冲击性能。

(6) 良好的工艺性能:刀具制造与刃磨容易、成本低。

生产中常用的刀具材料有碳素工具钢、合金工具钢、高速钢、硬质合金、陶瓷、金刚石、立方碳化硼等,用得最多的是高速钢和硬质合金。

3. 高速钢

高速钢是含有较多钨、钼、铬、钒等元素的高合金工具钢。

高速钢具有如下特点:

(1) 较高的硬度(热处理硬度达 62～67 HRC)和良好的耐热性(切削温度可达 550～600 ℃);

(2) 切削速度比碳素工具钢和合金工具钢的高 1～3 倍(因此而得名),刀具耐用度高 10～40 倍,甚至更多;

(3) 可以加工从有色金属到高温合金等众多材料;

(4) 制造工艺简单,能锻造,容易磨出锋利的刀刃;

(5) 在复杂刀具(钻头、丝锥、成形刀具、拉刀、齿轮刀具等)的制造中占有重要地位。

4. 硬质合金

硬质合金是用高耐热性和高耐磨性的金属碳化物(碳化钨、碳化钛、碳化钽、碳化铌等)与金属黏结剂(钴、镍、钼等)在高温下烧结而成的粉末冶金制品。

硬质合金的硬度为 89～93 HRA,能耐 850～1000 ℃的高温,具有良好的耐磨性,切削速度可达 100～300 m/min,可加工包括淬硬钢在内的多种材料,因此获得广泛应用。但是,硬质合金的抗弯强度低，冲击韧度差，不锋利，较难加工，不易做成形状复杂的整体刀具，因此还不能完全代替高速钢。

涂层硬质合金刀片比未涂层的硬质合金刀片的耐用度至少可提高1～3倍，涂层高速钢刀具比未涂层的高速钢刀具的耐用度至少可提高2～10倍。加工材料的硬度越高，则涂层刀具的效果越好。

陶瓷刀具的硬度可达91～95 HRA，在1200 ℃的切削温度下仍可保持80 HRA的硬度，加工钢件时的寿命为硬质合金的10～12倍，主要用于半精加工和精加工高硬度、高强度钢和冷硬铸铁等材料。

人造金刚石具有极高的硬度和耐磨性，摩擦系数小，可以磨出非常锋利的切削刃。人造金刚石的热稳定性较差，特别是它与铁元素的化学亲和力很强，因此它不宜用来加工钢铁件。

立方氮化硼（CBN）的最大优点是在高温（1200～1300 ℃）时也不易与铁族金属起反应，能胜任淬硬钢、冷硬铸铁的粗车和精车，同时还能高速切削高温合金、热喷涂材料、硬质合金及其他难加工材料。

1.3.2　金属切削过程的变形

1. 三个变形区

根据图1-2所示的金属切削层的滑移线和流线示意图，可以将切削层金属的变形划分为三个变形区。

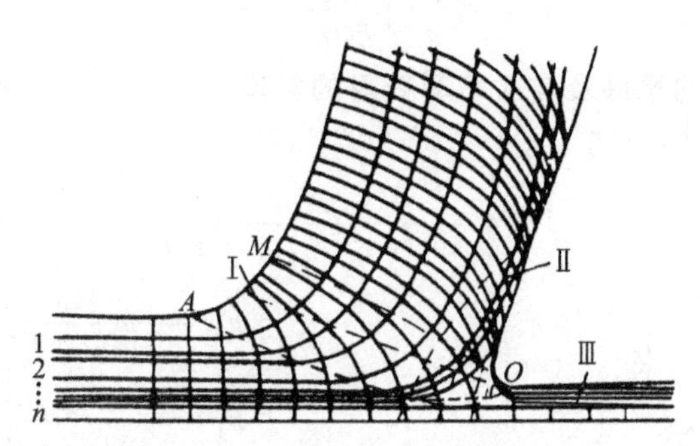

图1-2　金属切削过程中的滑移线和流线示意图

(1) 第一变形区（区域Ⅰ）：从 *OA* 线（称始剪切线）开始发生塑性变形，到 *OM* 线（称终剪切线）晶粒的剪切滑移基本完成。

(2) 第二变形区（区域Ⅱ）：切屑沿前刀面排出时进一步受到前刀面的挤压和摩擦，使靠近前刀面处的金属纤维化，纤维化方向基本和前刀面平行。变形特征：使切屑底层靠近前刀面处纤维化，切屑流动速度减慢，底层金属甚至会滞留在前刀面上；由于切屑底层纤维化晶粒被拉长，形成卷曲的切屑；由摩擦产生的热量使切屑底层与前刀面处温度升高。前刀面上的挤压和摩擦不仅造成第二变形区的变形，并且对第一变形区也有影响。

（3）第三变形区（区域Ⅲ）：已加工表面受到刀刃钝圆部分和后刀面的挤压与摩擦，产生变形和回弹，造成纤维化与加工硬化。

2. 变形程度的表示方法

（1）剪切角 ϕ：即剪切面和切削速度方向的夹角。

（2）变形系数 $\xi(>1)$：切屑厚度与切削层厚度之比称为厚度变形系数 ξ_a，切削层长度与切屑长度之比称为长度变形系数 ξ_l。

$$\xi_a = \frac{h_{ch}}{h_D}, \quad \xi_l = \frac{l_c}{l_{ch}}$$

$$\xi_a = \xi_l = \xi = \frac{\cos(\phi - \gamma_0)}{\sin\phi}$$

（3）切应变 ε：

$$\varepsilon = \cot\phi + \tan(\phi - \gamma_0) = \frac{\cos\gamma_0}{\sin\phi\cos(\phi - \gamma_0)}$$

将

$$\tan\phi = \frac{\cos\gamma_0}{\xi - \sin\gamma_0}$$

代入上式，得 ε 与 ξ 的关系

$$\varepsilon = \frac{\xi^2 - 2\xi\sin\gamma_0 + 1}{\xi\cos\gamma_0}$$

3. 前刀面与切屑间的摩擦及其对切屑变形的影响

1）作用在切屑上的力（见图 1-3）

$$F_r = \frac{\tau A_D}{\sin\phi\cos(\phi + \beta - \gamma_0)}$$

$$F_c = \frac{\tau A_D\cos(\beta - \gamma_0)}{\sin\phi\cos(\phi + \beta - \gamma_0)}$$

$$F_p = \frac{\tau A_D\sin(\beta - \gamma_0)}{\sin\phi\cos(\phi + \beta - \gamma_0)}$$

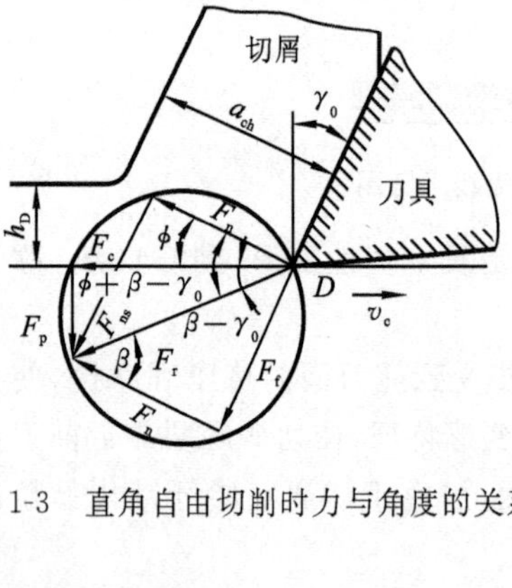

于是

$$\frac{F_p}{F_c} = \tan(\beta - \gamma_0)$$

利用这个关系式，就可以通过测量切削时的切削力分量 F_p 和 F_c，来间接测量前刀面上的平均摩擦系数 $\tan\beta$。

图 1-3 直角自由切削时力与角度的关系

2）剪切角 ϕ 与前刀面摩擦角 β 的关系(Lee and Shaffer 公式)

$$\phi+\beta-\gamma_0=\frac{\pi}{4} \quad 或 \quad \phi=\frac{\pi}{4}-(\beta-\gamma_0)=\frac{\pi}{4}-\omega$$

① 在保证刀刃强度的前提下，加大前角对切削过程有利。

② 仔细研磨刀面，使用切削液以减少前刀面上的摩擦对切削过程同样是有利的。

3）前刀面上的摩擦

前刀面的摩擦状态比较复杂。当刀-屑接触面存在黏结时，既存在外摩擦，又存在内摩擦。前刀面上的平均摩擦系数 μ 是一个变量，影响其大小的主要因素有工件材料、刀具前角和切削参数等。因为内摩擦的存在，前刀面上的平均摩擦系数 μ 可以大于1。

4. 积屑瘤的形成及其对切削过程的影响

1）积屑瘤

在切削速度不高而又能形成连续性切屑的情况下，加工钢料等塑性材料时，在前刀面切削处黏着的一块剖面呈三角状的硬块叫积屑瘤。它的硬度很高(通常是工件材料的2～3倍)，在处于稳定状态时，能够代替刀刃进行切削。

2）积屑瘤的形成过程

切削加工时，切屑与前刀面发生强烈摩擦而形成新鲜表面接触。当接触面具有适当的温度和较高的压力时就会产生黏结(冷焊)。于是，切屑底层金属与前刀面冷焊而滞留在前刀面上。连续流动的切屑从黏在刀面上的切屑底层金属上流过时，在温度、压力适当的情况下，也会被阻滞在底层上，就这样黏结层逐层积聚，最后长成积屑瘤。

3）积屑瘤对切削过程的影响

① 使实际前角增大：积屑瘤愈高，实际前角愈大。

② 增大切入深度：切入深度的变化有可能引起振动。

③ 使加工表面粗糙度值增大。

④ 影响刀具耐用度：积屑瘤相对稳定时，可代替刀刃切削，能提高刀具耐用度；当积屑瘤不稳定时，积屑瘤的破裂有可能导致硬质合金刀具的剥落磨损。

4）精加工时避免或减小积屑瘤的措施

① 控制切削速度，尽量采用很低或者很高的速度，避开中速区；

② 使用润滑性能好的切削液，以减小摩擦；

③ 增大刀具前角，以减小切屑接触区压力；

④ 提高工件材料硬度，减少加工硬化倾向。

5. 切屑变形的变化规律

(1) 工件材料对切屑变形的影响：工件材料强度越高，切屑变形越小；工件材料的塑性越大，切屑变形越大。

(2) 刀具前角对切屑变形的影响：刀具前角越大，切屑变形越小。

(3) 切削速度对切屑变形的影响：在无积屑瘤的切削速度范围内，切削速度越高，则变形系数越小；在有积屑瘤的切削速度范围内，切削速度是通过积屑瘤所形成的实际前角来影响切屑变形的。

(4) 背吃刀量对切屑变形的影响：当背吃刀量增加时，摩擦系数减小，ϕ 增大，变形减小。另外，在无积屑瘤情况下，f 越大(h_D越大)，则 ξ 越小。

6. 切屑的类型与控制

(1) 带状切屑：切屑的内表面光滑。当切削塑性金属，切削厚度较小，切削速度较高，刀具前角较大时产生。

(2) 挤裂切屑：切屑的外表面呈锯齿状，内表面有时有裂纹。当切削速度较低，背吃刀量较大，刀具前角较小时产生。

(3) 单元切屑：如果在挤裂切屑的剪切面上，裂纹扩展到整个面上，则切屑被分割成梯形的单元切屑。

(4) 崩碎切屑：形状不规则，加工表面凸凹不平。当加工脆性材料，特别是背吃刀量较大时，常产生。应力求避免出现这种切屑。

从切屑控制的角度出发，国际标准化组织制定了详细的切屑分类标准。

衡量切屑可控性的主要标准是：不妨碍正常的加工；不影响操作者、加工设备和工件的安全；易于清理、存放和搬运。生产中，常采用在前刀面上磨制出断屑槽和适当调整切削条件来控制切屑的形态。

7. 鳞刺的成因、影响及抑制

(1) 成因：切削层金属周期性地在挤裂切屑或单元切屑的单元体前方，或在积屑瘤前方层积，并周期性地被切顶而成。

(2) 影响：鳞刺在较低或中等切削速度下，对塑性金属进行车、刨、钻、拉、螺纹及齿形加工时都可能出现，对表面粗糙度有严重的影响。

(3) 抑制：减小切削厚度，使用润滑性能好的极压切削液，采用高速切削，或用人工加热方法把切削温度提高到500 ℃以上，以及采用其他能使积屑瘤高度减小的措施，都可以使鳞刺受到抑制。

1.3.3　切削力

1. 切削力的分解与单位切削力(见图 1-4)

1) 切削力的分解

为便于测量和应用，可以将切削合力 F 分解成三个互相垂直的分力。

① F_c——主切削力或切向力，垂直于刀具基面，切于切削表面，并与切削速度 v 的方向一致。F_c在各分力中最大，是计算切削功率、设计机床零件的主要依据。

② F_p——切深抗力，或称背向力、径向力、吃刀力，位于刀具基面之中，并与假定进给方向

垂直。F_p虽不做功，但能使工件变形或振动，对加工精度和已加工表面质量影响较大。

③ F_f——进给抗力，或称轴向力、走刀力，位于刀具基面之中，并与假定进给方向平行。F_f是设计走刀机构的依据。

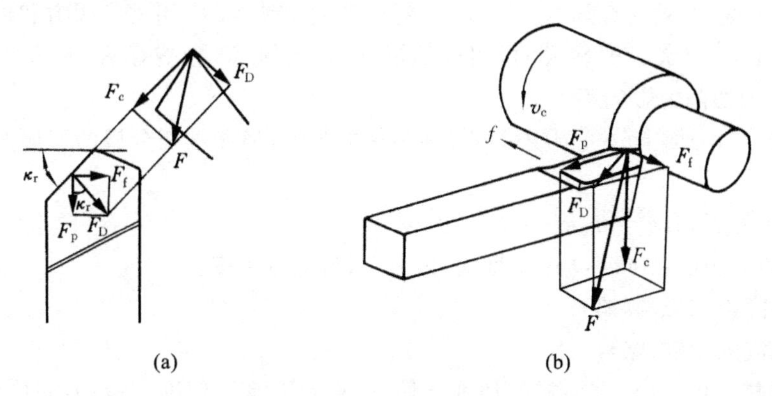

图 1-4　切削合力和分力

2）单位切削力(k_c)

$$k_c = \frac{F_c}{A_D} = \frac{F_c}{a_p f} = \frac{F_c}{h_D b_D}\ (\text{N/mm}^2)$$

2. 切削力经验公式

$$F_c = C_{F_c} a_p^{x_{F_c}} f^{y_{F_c}} v^{n_{F_c}} K_{F_c}$$
$$F_p = C_{F_p} a_p^{x_{F_p}} f^{y_{F_p}} v^{n_{F_p}} K_{F_p}$$
$$F_f = C_{F_f} a_p^{x_{F_f}} f^{y_{F_f}} v^{n_{F_f}} K_{F_f}$$

3. 影响切削力的主要因素

1）工件材料

工件材料的强度、硬度增大，则切削力增大。脆性材料的切削力较小。

2）切削用量

(1) 背吃刀量 a_p和进给量 f 的影响。

① 当 a_p增大一倍时，F_c增大一倍；而当 f 增大一倍时，F_c只增大 68%～86%。

② 切削加工中，如从切削力和切削功率角度考虑，加大 f 比加大 a_p有利。

(2) 切削速度 v 的影响。

① 加工塑性金属：$v>27$ m/min 时，积屑瘤消失，切削力一般随 v 的增大而减小；$v<27$ m/min时，切削力是受积屑瘤影响而变化的，积屑瘤越大，刀具的实际前角越大，切削力越小。

② 切削脆性金属(灰铸铁、铅黄铜)时,因金属的塑性变形很小,切屑与前刀面的摩擦也很小,所以 v 对切削力没有显著的影响。

(3) 刀具几何参数的影响。

① 前角:γ_0变大,被切金属的变形变小,变形系数 ξ 减小,刀-屑间摩擦力和正应力减小,则切削力减小。但 γ_0增大对塑性大的材料(如铝合金、紫铜等)影响显著,对脆性材料(如灰铸铁、脆黄铜等)的切削力影响不大。

② 负倒棱:前刀面上的负倒棱可以提高刃区的强度,但使被切金属的变形增大,切削力有所增加。

③ 主偏角的影响:$F_p = F_D \cos\kappa_r$;$F_f = F_D \sin\kappa_r$。

④ 刃倾角的影响:λ_s减小,则 F_p增大,F_f减小,F_c基本不变。

(4) 刀具磨损的影响(略)。

(5) 切削液的影响(略)。

(6) 刀具材料的影响:在同样的切削条件下,陶瓷刀具的切削力最小,硬质合金刀具的次之,高速钢刀具的切削力最大。

1.3.4 切削热与切削温度

1. 切削热的产生和传出

(1) 来源:切削层金属发生弹性变形、塑性变形所产生的热和切屑与前刀面、工件与后刀面间的摩擦热。切削时所消耗的能量约有 98%~99%转换为切削热。

(2) 传出:切削热由切屑、工件、刀具及周围的介质传导出去。

2. 切削温度及其测量

切削过程中,切削区各点的温度是不同的,每一点的温度也是变化的。一般用切削温度场来描述切削区的温度分布。通常所说的切削温度是指切削区的平均温度 θ。

切削温度是影响切削过程最佳化的重要因素之一。可以利用切削温度来控制切削过程。

测量切削温度的方法很多,常用的是自然热电偶法和人工热电偶法。

一般采用红外摄像法来测量切削温度场。

3. 影响切削温度的主要因素

(1) 切削用量:是影响切削温度的主要因素。v 对切削温度 θ 影响最大,f 次之,a_p 的影响最小。

(2) 刀具几何参数:前角的影响最明显。

(3) 工件材料:包括材料的硬度、强度、导热系数和塑性大小等。

(4) 刀具磨损:刀具磨损后切削温度一般都会升高,且影响明显。

(5) 切削液:对 θ 有明显的影响。

1.3.5　刀具的磨损和耐用度

1. 刀具的磨损形态(见图 1-5)

2. 刀具磨损的原因

刀具的磨损是加工过程中机械的、热的和化学的三种作用的综合结果。

(1) 磨粒磨损(硬质点磨损、耕犁磨损):切屑、工件材料中含有的一些碳化物、氮化物和氧化物等硬质点以及积屑瘤碎片等,可在刀具表面刻划出沟纹。

(2) 黏结磨损:切屑、工件与前、后刀面之间存在着很大的压力和强烈的摩擦,形成新鲜表面接触而发生冷焊黏结。由于摩擦面之间的相对运动,冷焊黏结层金属破裂并被一方带走,从而造成黏结磨损。

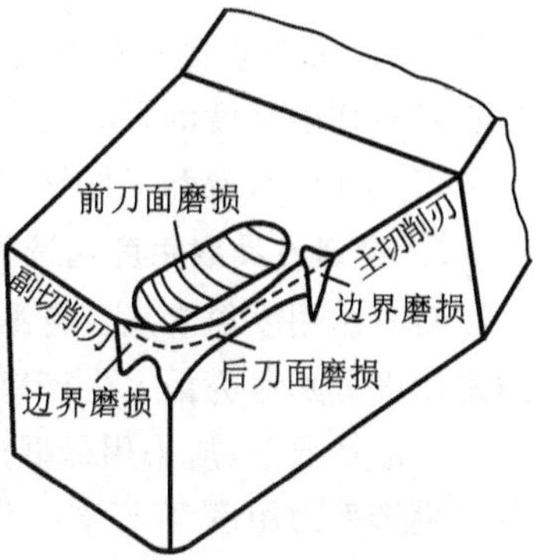

图 1-5　刀具的磨损形态

(3) 扩散磨损:在切削高温下,刀具表面与切出的工件、切屑新鲜表面接触,刀具和工件、切屑双方的化学元素互相扩散到对方内部,改变了原来材料的成分与结构,削弱了刀具材料的性能,加速了磨损过程。

(4) 化学磨损:在一定温度下,刀具材料与某些周围介质(如空气中的氧、切削液中的极压添加剂硫、氯等)起化学作用,在刀具表面形成一层硬度较低的化合物,如四氧化三钴、一氧化钴、三氧化钴和二氧化钛等,被切屑或工件擦掉而形成磨损。

刀具磨损的原因还有相变磨损、热电磨损和塑性变形等。

3. 刀具磨损过程及磨钝标准

(1) 刀具磨损过程(见图 1-6)。

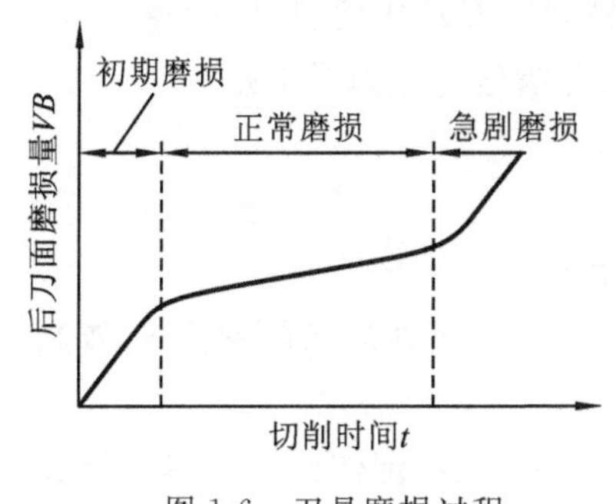

图 1-6　刀具磨损过程

(2) 刀具的磨钝标准:刀具磨损到一定限度就不能继续使用,这个磨损限度称为磨钝标准。国际标准 ISO 推荐硬质合金外圆车刀耐用度的磨钝标准,符合以下条件之一即为磨钝:

① 后刀面平均磨损带宽度 $VB=0.3$ mm;

② 如果主后刀面为无规则磨损,取后刀面最大磨损带宽度 $VB_{max}=0.6$ mm;

③ 前面磨损量 KT(月牙洼最大深度)$=0.06+0.3f$(f 为进给量)。

4. 刀具耐用度及其经验公式

刀具耐用度是刃磨后的刀具自开始切削直到磨损量达到磨钝标准为止的切削时间,以 T

表示。也可以用达到磨钝标准时所走过的切削路程 L_m 来定义耐用度，$L_m=v\cdot T$。

用 YT5 硬质合金车刀切削 $\sigma_b=0.63$ GPa(65 kgf/mm^2)的碳钢时，刀具耐用度的经验公式为

$$T=\frac{C_v}{v^5 f^{2.25} a_p^{0.75}}$$

显然，切削速度 v 对刀具耐用度的影响最大，进给量 f 次之，背吃刀量 a_p 的影响最小，这与三者对切削温度的影响完全一致。

刀具几何参数和工件材料对刀具耐用度也有很大影响。

5. 合理刀具耐用度的选择原则

刀具耐用度值常从获得最大生产率、最低生产成本和最大利润等目标出发进行选择，相应的耐用度分别称为最大生产率耐用度 T_p、最低成本耐用度 T_c 和最大利润耐用度 T_{pr}。

一般情况下，应采用最低成本耐用度 T_c，当任务紧迫或生产中出现不平衡环节时，可采用最大生产率耐用度 T_p。

在选择刀具耐用度时，还应考虑以下几点：

① 刀具的复杂程度和制造、重磨的费用；

② 刀具结构和装夹、调整的复杂程度；

③ 生产线上的刀具耐用度应规定为一个班或两个班，以便能在换班时间内换刀；

④ 精加工尺寸很大的工件时，刀具耐用度应按零件精度和表面粗糙度要求决定。

6. 刀具的破损

(1) 刀具的脆性破损：崩刃、碎断、裂纹破损、剥落。

(2) 刀具的塑性破损：切削时，由于高温和高压的作用，有时在前、后刀面以及在切屑和工件的接触层上，刀具表层材料发生塑性流动而丧失切削能力。

(3) 防止刀具破损的措施：可以通过选择合理的刀具材料牌号、刀具角度、切削用量，尽量采用可转位刀片和尽可能保证工艺系统的刚度，减小切削振动等措施防止刀具破损。

1.3.6 工件材料的切削加工性

材料的切削加工性是指对某种材料进行切削加工的难易程度。

在一定切削速度下，刀具耐用度 T 较长，或一定刀具耐用度下所允许的切削速度 v_T 较高的材料，其切削加工性较好；反之，其切削加工性较差。

一般以加工正火状态 45 钢的 $T=60$ min 时的切削速度 v_{60} 为基准，记作 $(v_{60})_j$，然后把其他各种材料的 v_{60} 同它相比，这个比值 K_r 称为相对加工性，即

$$K_r=\frac{v_{60}}{(v_{60})_j}$$

凡 K_r 大于 1 的材料，其加工性比 45 钢的好；凡 K_r 小于 1 的材料，其加工性比 45 钢的差。

生产中，常通过调整材料的化学成分和采用热处理方法改进工件材料的可加工性。

1.3.7　刀具材料和几何参数的选择

1. 刀具材料的选择

刀具材料主要根据工件材料、刀具形状和类型及加工要求等进行选择。

2. 刀具几何参数的选择

（1）前角（γ_0）　刀具合理前角的大小主要取决于工件材料、刀具材料、加工类型及工件加工要求。工件材料的强度、硬度较低时，应取较大的前角；加工塑性材料（如低碳钢）时，应选较大的前角；加工脆性材料（如铸铁）时，应选较小的前角。刀具材料韧度高（如高速钢），前角可选得大些，反之（如硬质合金）则前角应选得小一些。粗加工时，特别是断续切削时，应选用较小的前角，精加工时应选用较大的前角。通常，硬质合金车刀的前角在$-5°\sim20°$范围内选取，高速钢刀具的前角则应比硬质合金刀具的大$5°\sim10°$，而陶瓷刀具的前角一般取$-15°\sim-5°$。

（2）后角（α_0）　合理后角的大小主要取决于切削层公称厚度（或进给量），也与工件材料和工艺系统的刚度有关。一般而言，切削层公称厚度越大，刀具后角越小；工件材料越软、塑性越大，后角越大；工艺系统刚度较差时，应适当减小后角；尺寸精度要求较高的刀具，后角宜取小值。

（3）主偏角（κ_r）　工艺系统刚度较好时，主偏角宜取小值，κ_r为$30°\sim45°$；当工艺系统刚度较差或强力切削时，一般κ_r为$60°\sim75°$。车削细长轴时，κ_r为$90°\sim93°$，以减小切深抗力F_p。

（4）副偏角（κ'_r）　副偏角的大小主要根据表面粗糙度的要求选取，一般为$5°\sim15°$，粗加工时取大值，精加工时取小值。

（5）刃倾角（λ_s）　在加工一般钢料和铸铁时，无冲击的粗车时，λ_s取值范围为$-5°\sim0°$；精车时，λ_s取值范围为$0°\sim5°$；有冲击负荷时，λ_s取值范围为$-5°\sim-15°$；当冲击特别大时，λ_s取值范围为$-45°\sim-30°$；切削高强度钢、冷硬钢时，为提高刀头强度，λ_s取值范围为$-30°\sim-10°$。

1.3.8　切削用量的合理选择

1. 选择切削用量的基本原则

合理的切削用量是指充分利用刀具的切削性能和机床性能，在保证质量的前提下，获得高的生产率和低的加工成本的切削用量。

选择切削用量的实质是选择切削用量的最佳组合，在保持刀具合理耐用度的前提下，使a_p、f、v三者的乘积最大，以获得最高的生产率。首先选取尽可能大的背吃刀量a_p；其次根据机床动力和刚度限制条件或已加工表面粗糙度的要求，选取尽可能大的进给量f；最后利用切削用量手册选取或用公式计算确定切削速度v。

2. 切削用量的选择方法

（1）背吃刀量的确定　背吃刀量的大小应根据加工余量的大小确定。①粗加工（表面粗

糙度 $Ra80\sim20\ \mu m$)时,一次走刀应尽可能切除全部余量,在中等功率机床上,背吃刀量可达 8～10 mm。②半精加工(表面粗糙度 $Ra10\sim5\ \mu m$)时,背吃刀量取为 0.5～2 mm。③精加工(表面粗糙度 $Ra2.5\sim1.25\ \mu m$)时,背吃刀量取为 0.1～0.4 mm。

(2) 进给量的确定　粗加工时,进给量的大小主要根据机床进给机构的强度、刀具强度与刚度、工件装夹刚度等因素选择;精加工时,合理选择进给量的大小则主要根据加工精度和表面粗糙度进行选择;生产中,一般以查表法确定,具体数值可查阅《机械加工工艺手册》。

(3) 切削速度的确定　在 a_p、f 值选定后,一般根据合理的刀具耐用度,通过计算或查表来选定切削速度 v。

3. 最佳切削用量概念

(1) 最佳切削温度:刀具磨损强度最低,耐用度最高的切削温度。

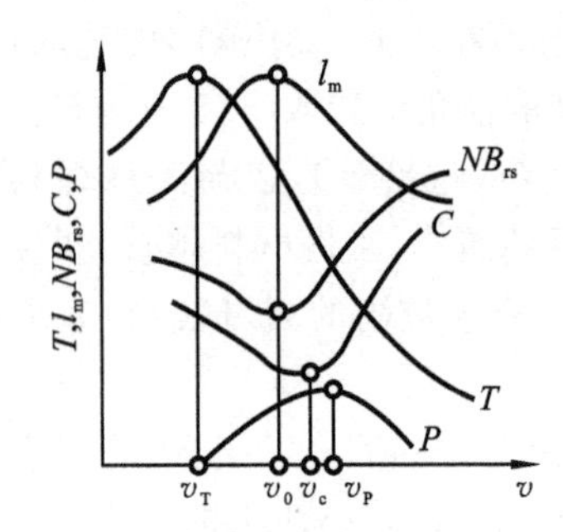

图 1-7　切削速度 v_c 对 T、l_m、NB_{rs}、C、P 的影响

(2) 各最佳切削速度之间的关系(见图 1-7):可以证明,最高刀具耐用度的切削速度 v_T、最佳切削速度 v_0、经济切削速度 v_c 和最高生产率切削速度 v_p 之间的关系为 $v_T<v_0<v_c<v_p$。

从生产率、加工经济性和加工精度综合考虑,根据最大切削路程和加工经济性来选择切削用量,优于根据最高耐用度和最大生产率来选择。

(3) 利用最佳切削温度确定切削用量组合:一般称最佳切削温度下的切削速度和进给量为最佳温度的切削用量组合。选择这一组合就能获得最大的切削路程长度,即获得最大的切削表面面积,实现切削用量的优化选择。

1.3.9 切削液的合理选用

1. 切削液的作用

(1) 冷却作用。

(2) 润滑作用。

(3) 清洗作用。

(4) 防锈作用。

2. 切削液的添加剂

(1) 油性添加剂。

(2) 极压添加剂。

(3) 表面活性剂。

3. 切削液的分类与选用

1) 切削液的分类

切削液分为非水溶性(切削油)和水溶性(水溶液和乳化液)。

2）切削液的选用

（1）粗加工：冷却为主，降低切削温度，如离子型切削液或3%～5%乳化液。

（2）精加工：具有良好的润滑性能，减小工件表面粗糙度值和提高加工精度。

（3）难加工材料的切削：极压切削油或极压乳化液。

（4）磨削加工：具有良好的冷却清洗作用，并有一定的润滑性能和防锈作用。一般常用乳化液或极压乳化液。

3）切削液的使用方法

主要有浇注法、喷雾法和内冷却法。

1.3.10 磨削过程及磨削机理

1. 磨粒特征

（1）顶尖角通常为90°～120°，磨粒以很大的负前角进行切削。

（2）磨粒的切削刃和前刀面虽很不规则，但却几乎都存在几微米到几十微米的切削刃钝圆半径。

（3）磨粒在砂轮表面除分布不均匀外，位置高低也各不相同。

2. 磨屑的形成过程(见图1-8)

（1）滑擦阶段：磨粒切削厚度非常小，在工件表面上滑擦而过，工件仅产生弹性变形。

（2）刻划阶段：工件材料开始产生塑性变形，磨粒切入金属表面，磨粒的前方及两侧出现表面隆起现象，在工件表面刻划成沟纹。磨粒与工件间挤压摩擦加剧，磨削热显著增加。

（3）切削阶段：随着切削厚度的增加，在达到临界值时，被磨粒推挤的金属明显滑移而形成切屑。

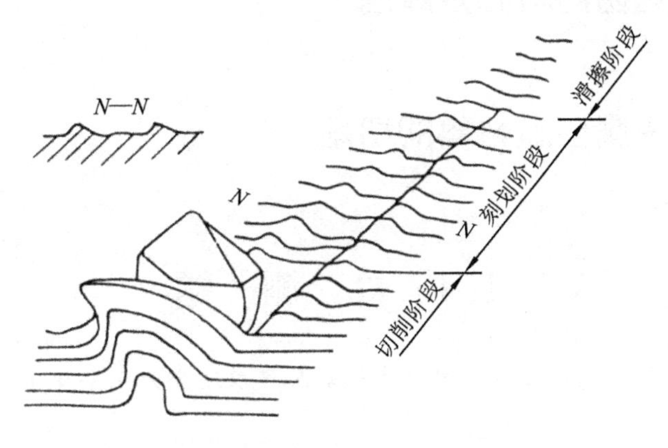

图1-8 磨粒切削过程的三个阶段

3. 磨削力

磨削力的来源：工件材料产生变形时的抗力和磨粒与工件间的摩擦力。

磨削力的特征：

(1) 单位磨削力很大，在 $7\times10^4\sim20\times10^4$ MPa 之间变化；

(2) 径向分力很大，为切向力的 2～4 倍，虽不做功，但会使工件产生水平方向的弯曲，直接影响加工精度；

(3) 磨削力随不同磨削阶段而变化。

4. 磨削阶段

(1) 初磨阶段。

(2) 稳定阶段。

(3) 清磨阶段。

5. 磨削热和磨削温度

磨削速度高，磨削过程材料变形大，产生的磨削热也大。由于磨屑细小、砂轮导热性较差，两者带走的热量有限，加上磨削液很难进入磨削区，所以大部分热量传入工件，导致工件温度升高，影响工件的精度。

工件与磨粒接触处可出现 1000 ℃以上的高温。磨削温度一般指砂轮与工件接触区的平均温度。

6. 砂轮磨损与耐用度

砂轮磨损可分为磨耗磨损和破碎磨损。

砂轮磨损后若继续使用就会使磨削效率降低，磨削表面质量下降，并产生振动和噪声。砂轮磨损后应及时进行修整。

砂轮两次修整之间的实际加工时间 T 称为砂轮耐用度。

1.3.11　高速切削与高效磨削

(自学)

1.3.12　非金属硬脆材料的切削

(自学)

1.4　自　测　题

1-1　金属切削时，切削刃作用范围内的切削层可以划分为几个变形区？每个变形区的变形特征是什么？

1-2　剪切角 ϕ 与前刀面摩擦角 β 的关系如何？对我们有什么启示？

1-3　积屑瘤对切削过程有什么影响？精加工时如何避免或减小积屑瘤？

1-4　切屑一般分为哪四种类型？产生的条件是什么？

1-5　背吃刀量 a_p 与进给量 f 对切削力的影响有何不同？

1-6　刀具磨损的原因主要有哪些？

1-7　在一定的生产条件下，切削速度是不是越高越有利？刀具耐用度是不是越大越好？为什么？

1-8　刀具耐用度是如何定义的？

1-9　切削液有哪些作用？如何选用？

1-10　什么是最佳切削温度？

1-11　生产中一般用什么指标衡量工件材料的可加工性？

1-12　简述磨削的基本特点。

制造工艺装备

2.1 主要内容

本章包括三部分内容:典型加工方法与常用刀具简介,包括砂轮和自动化加工中的刀具;金属切削机床的基本知识和常用典型机床简介,包括车床、齿轮加工机床、磨床、组合机床和数字控制机床;机床夹具的基本知识,包括夹具概述、基准及其分类、定位、夹紧、典型夹紧机构、夹紧动力装置等。

2.2 学习要求

2.2.1 学习要求

本章是本课程的重点。

(1) 掌握概念:铣削方式(顺铣、逆铣),拉削方式,轨迹法、成形法、相切法及展成法,内联系及内联系传动链,外联系及外联系传动链,组合机床,机床夹具,基准,六点定位原理,完全定位、不完全定位、欠定位及过定位,定位误差。

(2) 掌握图形表达方式或分析方法:机床型号和砂轮特性代号,滚齿机的传动原理图,机床的传动系统图,定位元件约束的自由度与定位误差分析等。

(3) 熟悉典型加工方法的工艺特点、常用刀具的工艺范围、夹紧力的确定原则、典型夹紧机构的特点等。

(4) 掌握计算方法:传动系统图的分析计算、定位误差的分析计算。

2.2.2 学习重点与难点

(1) 概念理解:机床型号的含义与不同机床的主参数和切削运动;定位与夹紧;定位误差;欠定位与过定位;砂轮的特性。

(2) 分析计算:传动系统图和定位误差的分析计算。

(3) 分析判断：具体定位方案中各定位元件约束自由度的分析。

2.3 要点归纳

2.3.1 典型加工方法与常用刀具

这一节主要是介绍性内容，教师讲解的时候可以适当简略一点。如果学时有限，也可以讲授部分重点内容，其余则鼓励学生自学。如果条件允许，可以建立一个典型刀具和夹具陈列室，采用现场教学方式讲授这部分内容。

1. 车削与车刀

车削的主运动：工件回转运动；进给运动：刀具的直线或曲线运动。

车削加工的工艺特点：

(1) 适用范围广泛；

(2) 易于保证被加工零件各表面的位置精度；

(3) 可用于非铁金属零件的精加工；

(4) 切削过程比较平稳；

(5) 生产成本较低；

(6) 加工的万能性好。

车刀是金属切削加工中应用最广泛的一种刀具。它可以用来加工外圆、内孔、端面、螺纹及各种内、外回转体的成形表面，也可以用于切断和切槽等。几种常用的车刀见图 2-1。

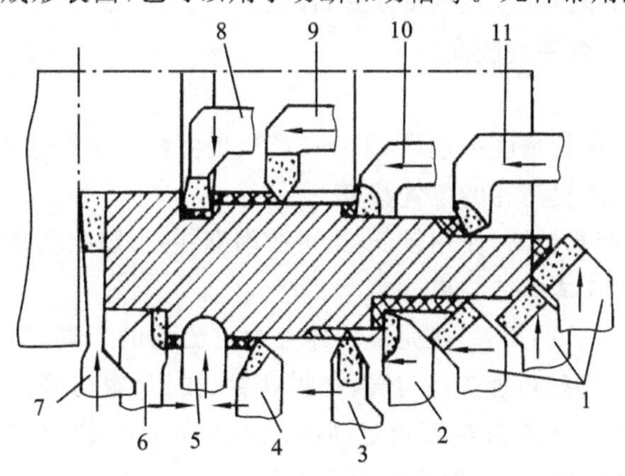

图 2-1　几种常用的车刀

1—45°弯头车刀；2—90°外圆车刀；3—外螺纹车刀；4—75°外圆车刀；
5—成形车刀；6—90°外圆车刀；7—切断刀；8—内孔切槽刀；9—内螺纹车刀；
10—盲孔镗刀；11—通孔镗刀

车刀的结构形式有整体式、焊接式、机夹重磨式和机夹可转位式等。其中，机夹可转位式车刀是指将预先加工好的、有一定几何角度的多边形硬质合金刀片，用机械的方法装夹在特制的刀杆上的车刀。由于使用时不需要刃磨，这种车刀的应用范围越来越广。

2. 钻削、扩削、铰削与孔加工刀具

钻、扩、铰的主运动：刀具主轴的高速旋转运动。

钻、扩、铰的进给运动：刀具相对于工件的轴向直线运动。

1）标准麻花钻钻削的特点

(1) 切削刃上各点的切屑流出方向不同，增加了切屑上各点间的互相牵制和切屑的复杂变形。

(2) 切削刃上各点的前角不同，而且相差悬殊，造成切削条件上的差异。

(3) 横刃切削条件极差，为极大的负前角切削。

(4) 切削刃上各点的切屑变形不同。

(5) 为半封闭切削，切削热不易传出，刀具磨损严重。

(6) 为多刃切削。

2）深孔钻削的特点

(1) 孔的精度及表面粗糙度较难保障。

(2) 切屑多而排屑通道长，易引起切屑堵塞而导致钻头损坏。

(3) 钻头在近似封闭的状态下工作，热量不易散出，钻头磨损严重。

3）扩孔钻加工的特点

(1) 由于没有横刃，刀体强度及刚度较好，齿数多，切削平稳。

(2) 加工精度及加工效率均较高。

4）铰削的特点

(1) 铰削的精度高，铰孔精度可达到IT6～IT11，表面粗糙度可达 $Ra1.6$～$0.2\ \mu m$。

(2) 浮动铰孔时，不能提高孔的位置精度。

(3) 由于铰孔的生产率较高，费用较低，且可铰削圆柱孔，因此在孔的精加工中应用广泛。

5）常用孔加工刀具及其工艺范围

常用的孔加工刀具分为两类：一类是从实体上加工出孔的刀具，如麻花钻、中心钻及深孔钻等；另一类是对已有孔进行再加工的刀具，如扩孔钻、铰刀、镗刀等。其中，扩孔钻的加工精度可以达到IT10～IT11，表面粗糙度可达 $Ra6.3$～$3.2\ \mu m$；铰刀能获得较高的加工精度(IT6～IT8)和较好的表面质量，表面粗糙度可达 $Ra1.6$～$0.4\ \mu m$，主要用于中小尺寸孔的半精加工和精加工，也可用于磨孔或研孔前的预加工。选用铰刀时，其基本直径应等于孔的基本直径，直径公差应综合考虑被加工孔的公差、铰削时的扩张量或收缩量(一般为0.003～0.02 mm)、铰刀的制造公差和备磨量等因素来确定。

3. 铣削与铣刀

铣削的主运动：铣刀的旋转运动。

铣削的进给运动：一般是工件的直线或曲线运动，也可以是铣刀的直线或曲线运动。

1）铣削的特点

（1）为断续切削，易产生冲击和振动，从而降低了铣削加工的精度。

（2）为多刃切削，切削效率高。

（3）可选用不同的切削方式。如合理选用顺铣和逆铣、对称铣和不对称铣等切削方式，提高刀具耐用度和加工生产率。

（4）主要用于加工平面（水平、垂直或倾斜的）、台阶、沟槽和各种成形表面等。

2）常用典型铣刀

铣刀是刀齿分布在圆周表面或圆柱端面上的多刃回转刀具。

常用典型铣刀的结构见教材。

3）铣削方式及合理选用

用铣刀加工时，可以采用不同的铣削方式。利用铣刀圆周上的切削刃来铣削工件表面的方法称为周铣法；利用铣刀端面的刀齿来铣削工件加工表面的方法称为端铣法。周铣法有两种铣削方式：逆铣法（切削部分刀齿的旋转方向与工件进给方向相反）和顺铣法（切削部分刀齿的旋转方向与工件进给方向相同）。

（1）逆铣时，刀齿由切削层内切入，从待加工表面切出，切削厚度由零增至最大。由于刀刃并非绝对锋利，所以刀齿在刚接触工件的一段距离上不能切入工件，只是在加工表面上挤压、滑行，使工件表面产生严重冷硬层，降低了表面加工质量，并加剧了刀具磨损。

（2）顺铣时，切削厚度由大到小，没有逆铣的缺点。同时，顺铣时的铣削力始终压向工作台，避免了工件上、下振动，因而可提高铣刀的耐用度和加工表面质量。但顺铣时由于水平切削分力与进给方向相同，可能使铣床工作台产生窜动，引起振动和进给不均匀。当加工有硬皮的工件时，由于刀齿首先接触工件表面硬皮，会加速刀齿的磨损。这些都使顺铣的应用受到很大的限制。

（3）一般情况下，粗加工或是加工有硬皮的毛坯时采用逆铣；精加工时，加工余量小，铣削力小，不易引起工作台窜动，可采用顺铣。

端铣法分为对称铣、不对称逆铣和不对称顺铣三种铣削方式。

4. 拉削与拉刀

拉削时，拉刀相对于工件作等速直线运动，即切削主运动，尽管没有进给运动，但由于拉刀的后一个（或一组）刀齿高出前一个（或一组）刀齿，所以能够依次从工件上切下金属层，从而获得所需的表面。

1）拉削的特点

（1）生产率高。

(2) 加工精度高。

(3) 拉床结构简单。

(4) 拉刀寿命长。

(5) 应用范围广,许多其他切削方法难以加工的表面,特别是形状复杂的各类通孔,都可以采用拉削加工完成。

(6) 刀具复杂,多用于大量和成批生产。

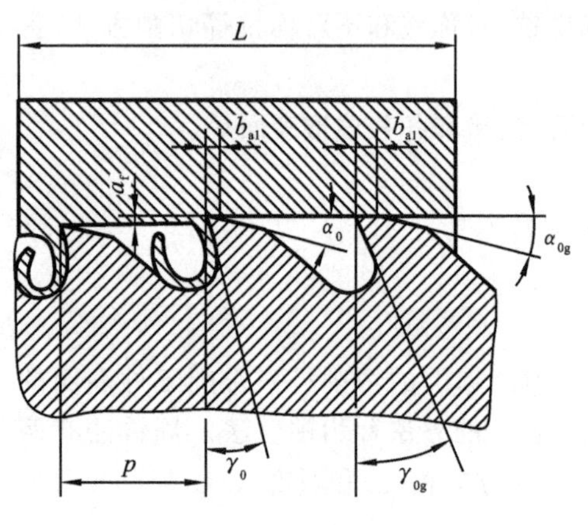

图 2-2　拉刀切削部分的主要参数

2) 拉刀的类型和结构

拉刀是一种高生产率、高精度的多齿刀具。其类型有:内拉刀和外拉刀;拉刀和推刀;整体式拉刀和组合式拉刀。

拉刀的结构、刀齿几何参数见教材和图 2-2。

3) 拉削方式

拉削方式是指拉削过程中,加工余量在各刀齿上的分配方式。

拉削方式主要分为分层式拉削(又分为成形式和渐成式两种)、分块式拉削和综合式拉削三种。

成形式拉削:每个刀齿的全部廓形参加切削,加工精度高,刀具长,刀具成本高,加工效率低。

渐成式拉削:拉刀刀齿的廓形与要求的被加工表面形状不同,后者由各刀齿的侧刃逐渐形成,加工精度低,拉刀制造容易。

分块式拉削:加工效率高,刀具短,加工精度低。

综合式拉削:既可以缩短拉刀的长度,保持较高的生产率,又能获得较好的工件表面质量。

5. 齿形切削与齿轮刀具

1) 齿轮齿形的加工方法

成形法:用于与被切齿轮齿槽形状相符的成形刀具切出齿形。

展成法(包络法):齿轮刀具与工件按齿轮副的啮合关系作展成运动,工件的齿形由刀具的切削刃包络而成。

2) 齿轮刀具

齿轮刀具是用于切削齿轮齿形的刀具,按其工作原理可分为成形法齿轮刀具和展成法(利用啮合原理来加工)齿轮刀具两大类。

成形法齿轮刀具:盘形齿轮铣刀、指状齿轮铣刀。这类铣刀结构简单,制造容易,可在普通铣床上使用,但加工精度和效率低,主要用于单件、小批量生产和修配加工。

展成法齿轮刀具:滚刀、插齿刀、剃齿刀等。插齿刀可以加工直齿轮、斜齿轮、内齿轮、塔形齿轮、人字齿轮和齿条等,是一种应用广泛的齿轮刀具。

齿轮滚刀是加工直齿和螺旋齿圆柱齿轮时常用的一种刀具。它的加工范围很广，模数为0.1～40 mm的齿轮均可使用齿轮滚刀加工。同一把齿轮滚刀可以加工模数、压力角相同而齿数不同的齿轮。

选用齿轮滚刀时，应注意以下几点。

(1) 齿轮滚刀的基本参数(如模数、压力角、齿顶高系数等)应按被切齿轮的相同参数选取。齿轮滚刀的参数标注在其端面上。

(2) 齿轮滚刀的精度等级，应按被切齿轮的精度要求或工艺文件中的规定选取。

(3) 齿轮滚刀的旋向应尽可能与被切齿轮的旋向相同，以减小滚刀的安装角度，避免产生切削振动，提高加工精度和表面质量。滚切直齿轮时一般用右旋滚刀；滚切左旋齿轮时最好选用左旋滚刀。

6. 磨削与砂轮

1) 磨削的特点

磨削是用带有磨粒的工具(砂轮、砂带、油石等)对工件进行切削加工的方法。磨削具有以下特点：

(1) 磨削加工精度高，表面粗糙度值小，主要用于半精加工和精加工。

(2) 磨削的径向磨削力大，且作用在工艺系统刚度较差的方向上。

(3) 磨削温度高。磨削产生的热量多，容易在磨削区形成瞬时高温，造成工件表面烧伤和微裂纹，所以应采用磨削液强制冷却。

(4) 砂轮有自锐作用，但仍然需要修整。

(5) 磨削除了钢铁材料外，还能加工一般刀具难以切削的高硬度材料。

(6) 磨削加工的工艺范围广，能用切削方法加工的表面，一般都能用磨削方法进行精加工。

(7) 磨削在切削加工中的比重日益增大。在工业发达国家，磨床在机床总数中的比重已经占到30%～40%，且有不断增长的趋势。

2) 砂轮的特性

砂轮是最主要的磨削工具。它是用结合剂把磨粒黏结起来，经压坯、干燥、焙烧及车整而成的多孔疏松物体。砂轮的特性主要由磨料、粒度、硬度、结合剂、组织及形状尺寸等因素决定。

磨料是制造砂轮的主要材料，直接担负切削工作。磨粒应具有高硬度、高耐热性和一定的韧度，在磨削过程中受力破坏后还要能形成锋利的几何形状。

粒度是指磨粒颗粒的大小，通常分为磨粒(颗粒尺寸>40 μm)和微粉(颗粒尺寸≤40 μm)两类。粒度对加工表面粗糙度和磨削生产率影响很大。

硬度是指砂轮工作表面的磨粒在磨削力的作用下脱落的难易程度。它反映了磨粒与结合剂的黏固强度。磨粒不易脱落，称砂轮硬度高；反之，称砂轮硬度低。

结合剂是将磨料黏结在一起，使砂轮具有必要的形状和强度的材料。常用结合剂的种类有陶瓷、树脂、橡胶及金属等。陶瓷结合剂的性能稳定，耐热、耐酸碱，价格低廉，应用最为广泛。树脂结合剂强度高，韧性好，多用于高速磨削和薄片砂轮。橡胶结合剂适用于无心磨的导轮、抛光轮和薄片砂轮等。金属结合剂主要用于金刚石砂轮。

组织是指砂轮中磨粒、结合剂和气孔三者间的体积比例关系。按磨粒在砂轮中所占体积的不同，砂轮的组织分为紧密、中等和疏松三大类。

砂轮的形状、尺寸和代号已标准化。砂轮的特性代号标注在砂轮端面上，用以表示砂轮的磨料、粒度、硬度、结合剂、组织、形状、尺寸及最高工作线速度，如图 2-3 所示。

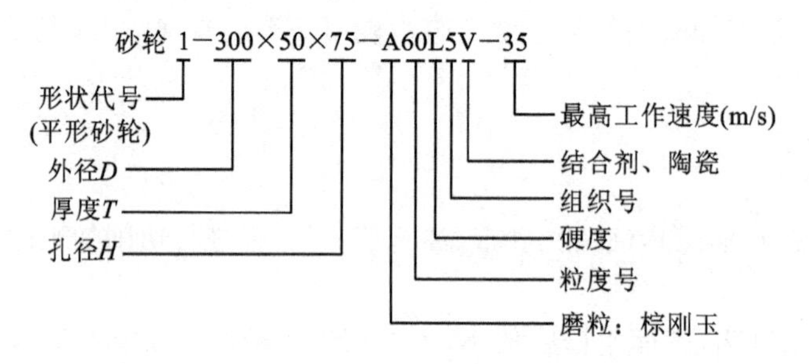

图 2-3　砂轮的特性代号

3）砂轮的选用

选择砂轮的主要依据是被磨材料的性质、要求达到的工件表面粗糙度和金属磨除率，要遵循的原则如下。

(1) 磨削钢时，选刚玉类砂轮；磨削硬铸铁、硬质合金和非金属时，选碳化硅砂轮。

(2) 磨削软材料时，选硬砂轮；磨削硬材料时，选软砂轮。

(3) 磨削软而韧的材料时，选粗磨粒；反之，选细磨粒。

(4) 磨削表面的粗糙度值要求较低时，选细磨粒；金属磨除率要求高时，选粗磨粒。

(5) 要求加工表面质量好时，选树脂或橡胶结合剂的砂轮；要求金属磨除率大时，选陶瓷结合剂的砂轮。

7. 自动化加工中的刀具

1）自动化加工对刀具的要求

(1) 可靠性要高。刀具的切削性能要稳定可靠，加工中不会发生意外的损坏，同一批刀具的力学性能和耐用度不得有较大的差异等。

(2) 切削性能要好。关键是刀具的切削性能要能适应高速切削和大进给量切削的要求。

(3) 应具有预调尺寸和快速更换功能。

(4) 品种规格要少，以提高生产效率，降低刀具管理难度。

(5) 要求发展刀具管理系统。

(6) 要求配备刀具磨损和破损在线检测装置。

2）自动化加工设备中刀具的管理

(1) 任务：利用所获得的刀具信息，在加工过程中根据有关的加工要求，从刀库中选择合适的刀具，及时准确地提供给相应的机床或装置，以便在维持较高的设备利用率的情况下，高效率地生产出合格的产品。

(2) 内容：①刀具预调室的管理，包括刀具组件的装配、刀具尺寸预调、刀具或刀座的编码、刀具的选择和刀具库存量的控制等；②刀具的分配与传输；③刀具的监控，包括刀具状态的实时监控和刀具切削时间的累计计算；④刀具信息的处理，包括刀具动、静态信息的获得、修改、传输和处理利用等。

(3) 刀具的识别：通过识别刀具的编码来实现。

2.3.2 金属切削机床的基本知识

金属切削机床（简称机床）是制造机器的机器，所以又称为工作母机或工具机。

1. 机床的分类及型号

1）机床的分类

国家标准 GB/T 15375—2008《金属切削机床 型号编制方法》将机床按加工性质、所用刀具和机床的用途，分为车床、钻床、镗床、磨床、齿轮加工机床、螺纹加工机床、铣床、刨插床、拉床、特种加工机床、锯床和其他机床 12 类，在每一类机床中，又按工艺范围、布局形式和结构性能的不同分为 10 个组，每一组又分若干系，具体见教材。

2）机床的技术参数与尺寸系列

主参数是反映机床最大工作能力的一个主要参数，它直接影响机床的其他参数和基本结构的大小。主参数一般以机床加工的最大工件尺寸或与此有关的机床部件尺寸来表示。

3）机床型号编制

机床的型号是机床产品的代号，用以简明地表示机床的类型、主要技术参数、性能和结构特点等，如图 2-4 所示。

2. 机床的运动

1）工件表面的形成方法

①轨迹法；②成形法；③相切法；④展成法。

2）机床的运动

机床上形成被加工表面所必需的运动，称为机床的工作运动，又称为表面成形运动。机床的工作运动中，必有一个速度最高、消耗功率最大的运动，它是产生切削作用必不可少的运动，称为主运动。其余的工作运动使切削得以继续进行，直至形成整个表面，这些运动都称为进给运动。

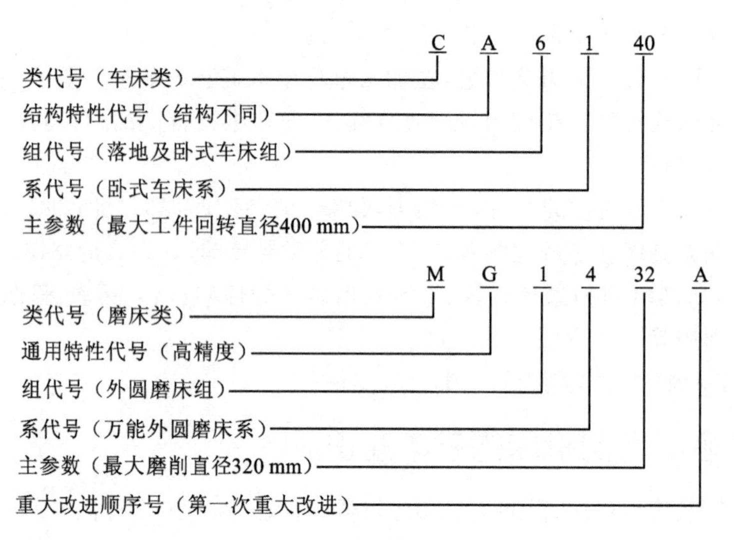

图 2-4 机床的代号

3. 机床的传动

1) 传动链

执行件：机床上最终实现所需运动的部件称为执行件，如主轴、工作台、刀架等。

运动源：为执行件的运动提供能量的装置。

传动装置：将运动和动力从运动源传到执行件的装置。

传动链：从一个元件到另一个元件之间的一系列传动件。

内联系传动链：两个末端件的转角或移动量（称为“计算位移”）之间有严格的比例关系要求的传动链。

外联系传动链：两个末端件的转角或移动量之间没有严格的比例关系要求的传动链。

传动链中通常包括定比传动机构和换置机构两类传动机构。

2) 传动原理图

传动原理图是指用简单的符号表达各执行件、运动源之间的传动联系，并不表达实际传动机构的种类和数量所绘制的一种简图。

3) 转速图

为了表示有级变速传动系统中各级转速的传动路线，对各种传动方案进行分析比较，常使用转速图和传动路线表达式（传动结构式）。转速图的纵坐标一般采用对数坐标。

4) 传动系统图

分析机床的传动系统时经常使用传动系统图来表示机床全部运动的传动关系。

绘制：用国家标准所规定的符号（见 GB 4460—1984《机械制图 机械运动简图符号》）代表各种传动元件，按运动传递的顺序画在能反映机床外形和各主要部件相互位置的展开图中。

标明：电动机的转速和功率，轴的编号，齿轮和蜗轮的齿数，带轮直径，丝杠导程和头数等参数。

技术处理：将一根轴断开绘成两部分，或将实际上啮合的齿轮分开来画(用大括号或虚线连接起来)。

5) 运动平衡式

运动平衡式是为了表达传动链两个末端件计算位移之间的数值关系，常将传动链内各传动副的传动比相连乘组成的一个等式。

运动平衡式可以用来确定传动链中待定的换置机构传动比。

2.3.3 车床

1. 概述

1) 认识机床的三部曲

(1) 了解机床的种类和用途，包括可以加工的表面类型、工件的尺寸范围、加工精度等。

(2) 结合所用刀具和加工表面的形状，了解机床必须完成的成形运动。

(3) 分析实现运动的传动链、传动机构及机床组成，掌握机床的工作原理。

2) 车床的种类

按用途和结构的不同，车床可分为卧式车床、六角车床、立式车床、单轴自动车床、多轴自动和半自动车床、仿形车床、专门化车床等，应用极为普遍。

3) 车床的工艺范围

见教材。

2. CA6140 型卧式车床

1) 组成和主要技术参数

组成：主轴箱、进给箱、溜板箱(三箱)，刀架、床身、床脚、尾架和挂轮变速机构。

主要技术参数：床身最大工件回转直径(主参数)为 400 mm；刀架上最大工件回转直径为 210 mm；最大棒料直径为 47 mm；最大工件长度(mm)为 650，900，1400，1900；主轴转速(r/min)范围为正转 10～1400(24 级)、反转 14～1580(12 级)。

2) 传动系统

传动系统组成：CA6140 型卧式车床的传动系统(见图 2-5)由主运动传动链、螺纹进给传动链、纵向进给传动链和横向进给传动链组成。

(1) 主运动传动链。

① 计算位移：电动机旋转 n_0 转——主轴旋转 n 转。

② 传动路线表达式：

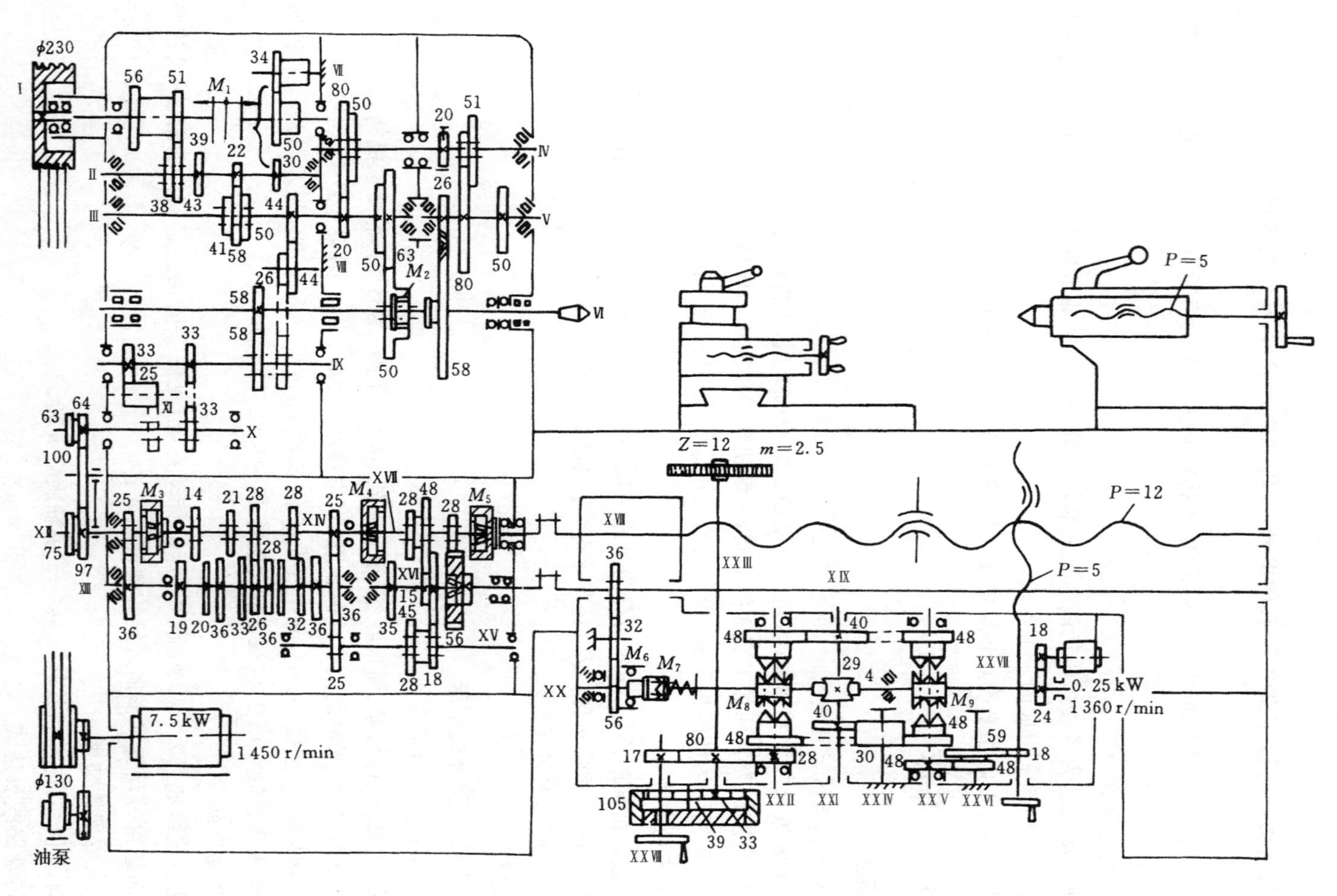

图 2-5　CA6140 型卧式车床传动系统图

$$\underset{(7.5\ \text{kW},1\ 450\ \text{r/min})}{\text{电动机}}-\frac{\phi 130}{\phi 230}-\text{I}-\left[\begin{array}{l}\dfrac{M_1\text{左接合}}{(\text{正转})}-\left[\begin{array}{c}\frac{51}{43}\\ \frac{56}{38}\end{array}\right]\\ \dfrac{M_1\text{右接合}}{(\text{反转})}-\frac{50}{34}-\text{VII}-\frac{34}{30}\end{array}\right]-\text{II}-\left[\begin{array}{c}\frac{22}{58}\\ \frac{30}{50}\\ \frac{39}{41}\end{array}\right]-\text{III}-$$

$$\left[\begin{array}{c}\left[\begin{array}{c}\frac{20}{80}\\ \frac{50}{50}\end{array}\right]-\text{IV}-\left[\begin{array}{c}\frac{20}{80}\\ \frac{51}{50}\end{array}\right]-\text{V}-\frac{26}{58}-M_2\\ \frac{63}{50}\end{array}\right]-\text{VI}(\text{主轴})$$

③ 计算主轴正转最高转速 n_{max} 和最低转速 n_{min} 的运动平衡式(设传动系统中所有摩擦传动的总的速度传动效率为0.97):

$$n_{max}=1450\times\frac{130}{230}\times\frac{56}{38}\times 0.97\times\frac{39}{41}\times\frac{63}{50}\ \text{r/min}=1404\ \text{r/min}\approx 1400\ \text{r/min}$$

$$n_{min}=1450\times\frac{130}{230}\times\frac{51}{43}\times 0.97\times\frac{22}{58}\times\frac{20}{80}\times\frac{20}{80}\times\frac{26}{58}\ \text{r/min}=10\ \text{r/min}$$

④ 主轴正转的转速级数:

$$Z=1\times 1\times 2\times 3\times(2\times 2\times 1-1+1)=24$$

(2) 车螺纹进给传动链

CA6140型卧式车床可以车削右旋或左旋的公制、英制、模数制(公制蜗杆)和径节制(英制蜗杆)四种标准螺纹,还可以车削加大导程非标准和较精密的螺纹。下面分析车削公制螺纹传动链。

① 计算位移:主轴转1转——刀架移动导程 L(mm)。

② 传动路线表达式:

$$\text{主轴VI}-\frac{58}{58}-\text{IX}-\left[\begin{array}{l}\frac{33}{33}(\text{右旋螺纹})\\ \frac{33}{25}-\text{XI}-\frac{25}{33}(\text{左旋螺纹})\end{array}\right]-\text{X}-\frac{63}{100}\times\frac{100}{75}-\text{XII}-\frac{25}{36}-$$

$$\text{XIII}-u_j-\text{XIV}-\frac{25}{36}\times\frac{36}{25}-\text{XV}-u_b-\text{XVII}-M_5-\text{XVIII}(\text{丝杠})-\text{刀架}$$

其中:u_j 代表轴XIII至轴XIV间的8种可供选择的传动比 $\left(\frac{26}{28},\frac{28}{28},\frac{32}{28},\frac{36}{28},\frac{19}{14},\frac{20}{14},\frac{33}{21},\frac{36}{21}\right)$;$u_b$ 代表轴XV至轴XVII间的4种传动比 $\left(\frac{28}{35}\times\frac{35}{28},\frac{18}{45}\times\frac{35}{28},\frac{28}{35}\times\frac{15}{48},\frac{18}{45}\times\frac{15}{48}\right)$。

③ 运动平衡式：

$$1 \times \frac{58}{58} \times \frac{33}{33} \times \frac{63}{100} \times \frac{100}{75} \times \frac{25}{36} \times u_j \times \frac{25}{36} \times \frac{36}{25} \times u_b \times 12 = L = KP(\text{mm})$$

化简后得

$$L = 7u_j u_b(\text{mm})$$

(3) 纵向(横向)进给传动链

① 计算位移：主轴转1转——刀架纵向移动 $f_{纵}$(mm)。

② 传动路线表达式(经公制螺纹的传动路线)：

$$\begin{aligned}&\text{主轴 VI} - \frac{58}{58} - \text{IX} - \frac{33}{33} - \text{X} - \frac{63}{100} \times \frac{100}{75} - \text{XII} - \frac{25}{36} - \text{XIII} - \\ &u_j - \text{XIV} - \frac{25}{36} \times \frac{36}{25} - \text{XV} - u_b - \text{XVII} - \frac{28}{56} - \text{XIX(光杠)} - \\ &\frac{36}{32} \times \frac{32}{56} - \text{XX} - M_6 - M_7 - \frac{4}{29} - \text{XXI} - \\ &\begin{bmatrix} \frac{40}{48} - M_8(\text{上接合}) \\ \frac{40}{30} - \text{XXIV} - \frac{30}{48}(\text{下接合}) \end{bmatrix} - \text{XXII} - \frac{28}{80} - \pi \times 12 \times 2.5 - \text{刀架}\end{aligned}$$

③ 计算纵向进给量的运动平衡式：

$$\begin{aligned}f_{纵} = &1 \times \frac{58}{58} \times \frac{33}{33} \times \frac{63}{100} \times \frac{100}{75} \times \frac{25}{36} \times u_j \times \frac{25}{36} \times \frac{36}{25} \times u_b \\ &\times \frac{28}{56} \times \frac{36}{32} \times \frac{32}{56} \times \frac{4}{29} \times \frac{40}{48} \times \frac{28}{80} \times \pi \times 12 \times 2.5\end{aligned}$$

化简后得

$$f_{纵} = 0.71 u_j u_b(\text{mm/r})$$

类似地，可得横向进给传动链进给量的计算公式为

$$f_{横} = 0.355 u_j u_b(\text{mm/r})$$

2.3.4 齿轮加工机床

齿轮加工机床就是加工齿轮齿面的机床。

按加工对象的不同，可以将齿轮加工机床分为圆柱齿轮加工机床(滚齿机、插齿机等)和圆锥齿轮加工机床(刨齿机、铣齿机、拉齿机等)；按齿形加工原理的不同，可以将齿轮加工机床分为成形法齿轮加工机床和展成法齿轮加工机床。

1. 滚齿机

1) 滚齿原理

滚齿加工是根据展成法原理加工齿轮的，滚齿的过程相当于一对交错螺旋齿轮副啮合滚

动的过程。

(1) 将啮合传动螺旋齿轮副中的一个螺旋齿轮齿数减少到1～4个齿，其螺旋角很大而螺旋升角很小，就转化成蜗杆；再将蜗杆轴向开槽形成切削刃和前刀面，各切削刃铲背形成后刀面和后角，再经过淬硬、刃磨成为滚刀。

(2) 用传动链将滚刀主轴与工作台联系起来，使之成为螺旋齿轮副啮合。

(3) 对单头滚刀，强制保持刀具旋转1个齿、工件转过1个齿的运动关系，则滚刀连续旋转时，就可以加工出共轭的齿面。若滚刀同时沿轴向作进给运动，就可加工出全齿长。

2) 滚切直齿圆柱齿轮

滚切直齿圆柱齿轮的传动原理见图2-6。

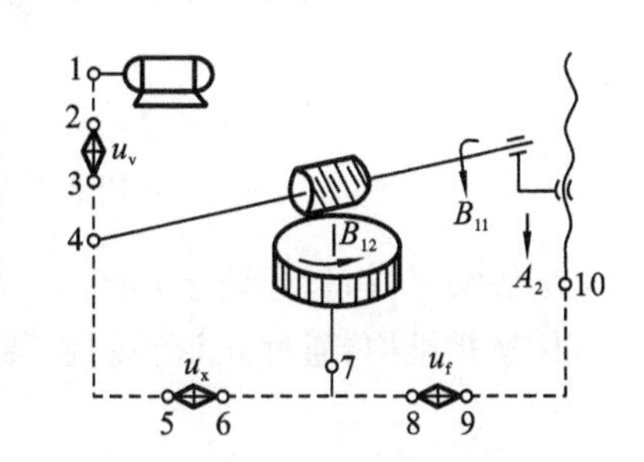

图2-6　滚切直齿圆柱齿轮的传动原理

滚切直齿圆柱齿轮需要的运动有形成渐开线齿廓的展成运动($B_{11}+B_{12}$)和形成直线形齿长(导线)的轴向进给运动(A_2)。需要的传动链有展成运动传动链、主运动传动链和轴向进给传动链。

(1) 展成运动传动链：内联系传动链，形成渐开线。

① 计算位移：滚刀转1转——工件转K/Z转。

② 传动路线：4—5—u_x—6—7。

③ 换置机构：通过u_x调节齿数等，挂轮传动比要精确配算。

(2) 主运动传动链：外联系传动链，获得速度。

① 计算位移：电动机$n_{电}$(r/min)——滚刀$n_{刀}$(r/min)。

② 传动路线：1—2—u_v—3—4。

③ 换置机构：通过u_v调整渐开线齿廓的成形速度。

(3) 轴向进给运动链：外联系传动链，形成直线齿长。

① 计算位移：工件转1转——刀架移动f(mm)。

② 传动路线：7—8—u_f—9—10。

③ 换置机构：通过u_f调整轴向进给量的大小和进给方向；根据加工表面粗糙度要求调整u_f。

3) 滚切斜齿圆柱齿轮

滚切斜齿圆柱齿轮的传动原理见图2-7。

滚切斜齿圆柱齿轮需要的运动是形成渐开线齿廓的展成运动($B_{11}+B_{12}$)和形成螺旋形齿长(导线)的螺旋运动($A_{21}+B_{22}$)。

需要的传动链有展成运动传动链、主运动传动链、轴向进给传动链和差动运动传动链。其中，前三个传动链与加工直齿圆柱齿轮的一样。

差动运动传动链是内联系传动链，功用是保证加工所形成的螺旋线齿长的精度。

① 计算位移：滚刀轴向进给T(mm)——工件附加转动1转。

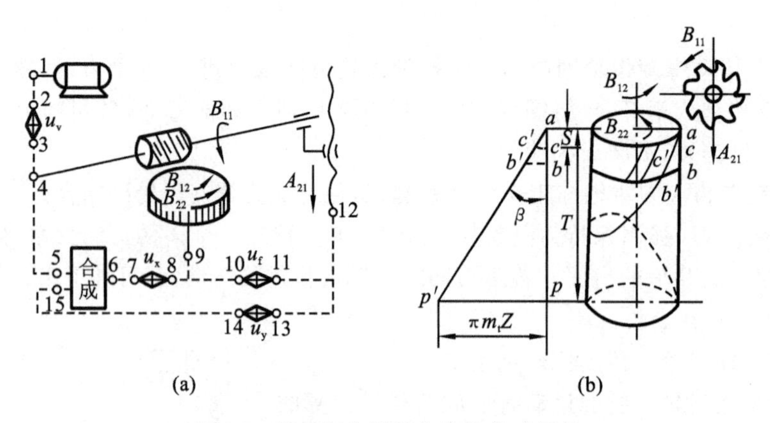

图 2-7　滚切斜齿圆柱齿轮的传动原理

② 传动路线：12—13—u_y—14—15—合成—6—7—u_x—8—9。

③ 换置机构：通过 u_y 调整斜齿圆柱齿轮的螺旋角 β 和旋向，其挂轮传动比也应该精确配算。

4）Y3150E 型滚齿机

Y3150E 型滚齿机属于中型滚齿机，可加工直齿和斜齿圆柱齿轮，用径向切入法能加工蜗轮，配合切向进给刀架后也可以用切向切入法加工蜗轮。Y3150E 型滚齿机的主参数为最大工件直径 $\phi 500$。

Y3150E 型滚齿机的传动系统如图 2-8 所示。

（1）主运动传动链

① 计算位移：电动机 $n_{电}$ (r/min)——滚刀 $n_{刀}$ (r/min)。

② 传动路线：电动机—Ⅰ—Ⅱ—Ⅲ—Ⅳ—Ⅴ—Ⅵ—Ⅶ—Ⅷ（滚刀主轴）。

③ 运动平衡式：

$$1\,430(\text{r/min}) \times \frac{115}{165} \times \frac{21}{42} \times u_{\text{Ⅱ-Ⅲ}} \times \frac{A}{B} \times \frac{28}{28} \times \frac{28}{28} \times \frac{28}{28} \times \frac{28}{28} \times \frac{20}{80} = n_{刀}$$

④ 调整公式：

$$u_v = u_{\text{Ⅱ-Ⅲ}} \times \frac{A}{B} = \frac{n_{刀}}{124.58}$$

（2）展成运动传动链

① 计算位移：滚刀转 1 转——工件转 K/Z 转。

② 传动路线：滚刀主轴Ⅷ—Ⅶ—Ⅵ—Ⅴ—Ⅳ—Ⅸ—$\boxed{合成}$—$\frac{e}{f} \times \frac{a}{b} \times \frac{c}{d}$—Ⅹ—ⅩⅦ（工作台）。

③ 运动平衡式：

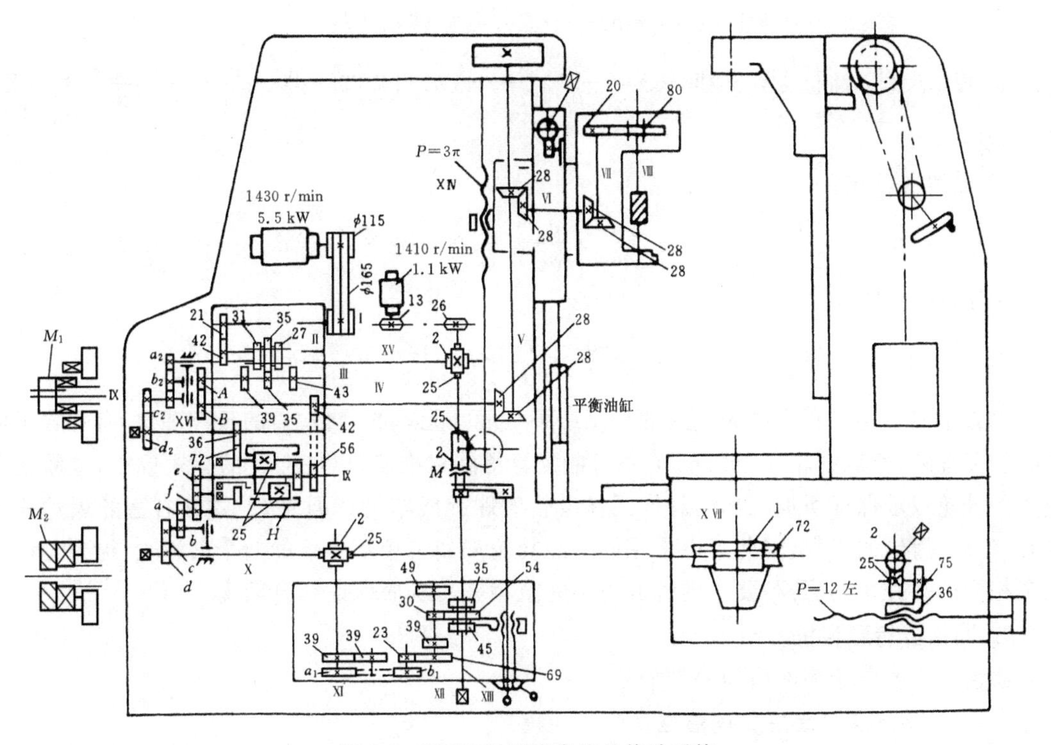

图 2-8　Y3150E 型滚齿机的传动系统

$$1\text{ 转}\times\frac{80}{20}\times\frac{28}{28}\times\frac{28}{28}\times\frac{28}{28}\times\frac{42}{56}\times u_{\text{合成}}\times\frac{e}{f}\times\frac{a}{b}\times\frac{c}{d}\times\frac{1}{72}=\frac{K}{Z}=n_{\text{工件}}$$

④ 调整公式：

$$u_x=\frac{a}{b}\times\frac{c}{d}=\frac{f}{e}\times\frac{24K}{Z}$$

挂轮 a、b、c、d 应配算准确，以保证渐开线齿廓的形状精度。

(3) 轴向进给运动传动链

① 计算位移：工件转 1 转——刀架移动 f(mm)。

② 传动路线：工作台 XVII—X—XI—XII—XIII—XIV—刀架。

③ 运动平衡式：

$$1\text{ 转}\times\frac{72}{1}\times\frac{2}{25}\times\frac{39}{39}\times\frac{a_1}{b_1}\times\frac{23}{69}\times u_{\text{XII-XIII}}\times\frac{2}{25}\times 3\pi=f(\text{mm})$$

④ 调整公式：

$$u_f=\frac{a_1}{b_1}\times u_{\text{XII-XIII}}=\frac{f}{0.4608\pi}$$

(4) 差动运动传动链

① 计算位移：滚刀轴向进给 T(mm)——工件附加转动 1 转。

② 传动路线：丝杠 XIV — XIII — XV —$\dfrac{a_2}{b_2}\times\dfrac{c_2}{d_2}$— XVI —合成— IX —$\dfrac{e}{f}\times\dfrac{a}{b}\times\dfrac{c}{d}$— X — XVII（工作台）。

③ 运动平衡式：

$$T(\text{mm})\times\frac{1}{3\pi}\times\frac{25}{2}\times\frac{2}{25}\times\frac{a_2}{b_2}\times\frac{c_2}{d_2}\times\frac{36}{72}\times u_{合成}\times\frac{e}{f}\times u_x\times\frac{1}{72}=1\text{ 转}$$

④ 调整公式：

$$u_y=\frac{a_2}{b_2}\times\frac{c_2}{d_2}=9\,\frac{\sin\beta}{m_n K}$$

上式第二个等号右边的表达式的计算结果一般是无理数，而左边的是有理数，有理数不可能等于无理数，所以挂轮 a_2、b_2、c_2、d_2 不可能配算得绝对准确，以使上面的等式成立，也就是所配算的挂轮很难保证所加工出的斜齿圆柱齿轮的螺旋线精度。但是，上式最右边的表达式不含有被加工齿轮的齿数，因此可以采用同一组挂轮来加工相互啮合的两个斜齿轮，得到理论上完全相同的螺旋角（只是与要求的螺旋角不完全相等），从而保证啮合精度。

2. 圆柱齿轮磨齿机

磨齿机主要用于淬硬齿面的精加工。

1）*齿形表面磨削方法及成形运动*

（1）成形法磨齿：砂轮截面形状被修整成齿槽形状（使砂轮截面形状即切削刃与齿槽形状吻合），齿形采用成形法形成，不需要成形运动，齿长由高速旋转的砂轮在与工件的相对直线运动中加工形成，属于相切法，需要两个简单的成形运动。成形法磨齿用于磨削模数大的齿轮或磨削内齿轮。

（2）展成法磨齿：应用广泛，包括蜗杆砂轮磨齿、锥形砂轮磨齿和双蝶形砂轮磨齿等种类。

2）*磨齿机的展成运动机构*

（1）用传动链实现工件的展成运动　单砂轮磨齿的运动联系如图 2-9 所示。采用内联系传动链保证工件转一转的同时，其轴心移动 πd，即展成运动两个非独立运动之间的内在关系。

（2）用渐开线凸轮靠模实现工件的展成运动，如图 2-10 所示，凸轮靠模的渐开线是被磨齿形渐开线的若干倍大小，凸轮靠模和工件被安装在同一根轴上，当轴转动时，凸轮靠模的渐开线在滚子上滚动，迫使轴心作直线移动，这样，就带动着工件在砂轮上滚动而实现展成运动。这时，凸轮靠模上的渐开线与滚子就是展成运动的内联系。

采用凸轮靠模磨齿的精度直接取决于靠模渐开线的精度，不受其他传动件的影响。同时，由于靠模的渐开线是放大了若干倍的被磨工件齿形渐开线，靠模的制造误差在加工时对工件的影响可以因此缩小到原来的若干分之一，磨齿精度可高达 4 级。

（3）用钢带滚圆盘实现工件展成运动　如图 2-11 所示，工件主轴 5 的后面固定一个滚圆

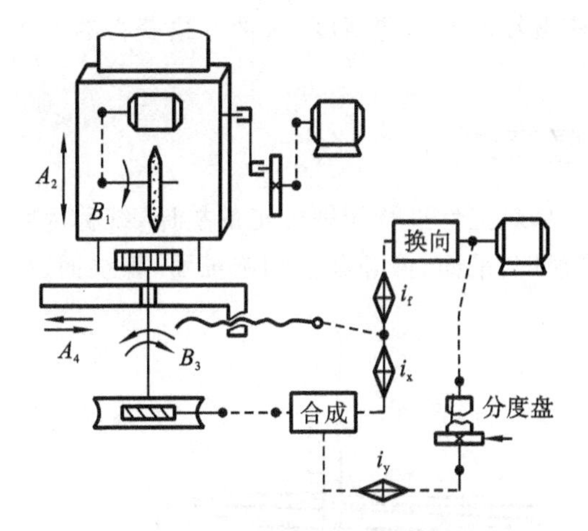

图 2-9　单砂轮磨齿的运动联系

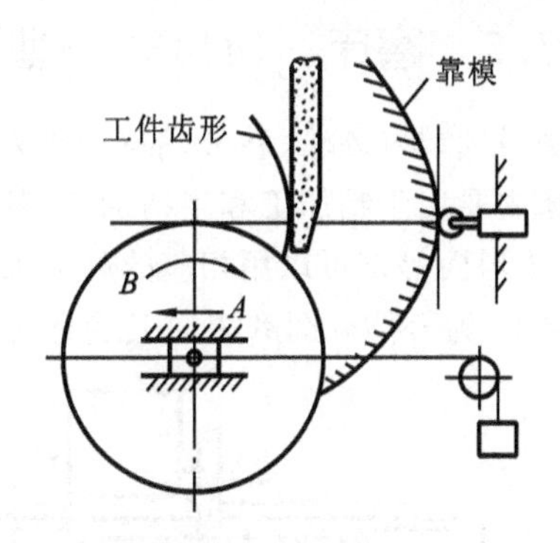

图 2-10　利用靠模渐开线与滚子实现展成运动

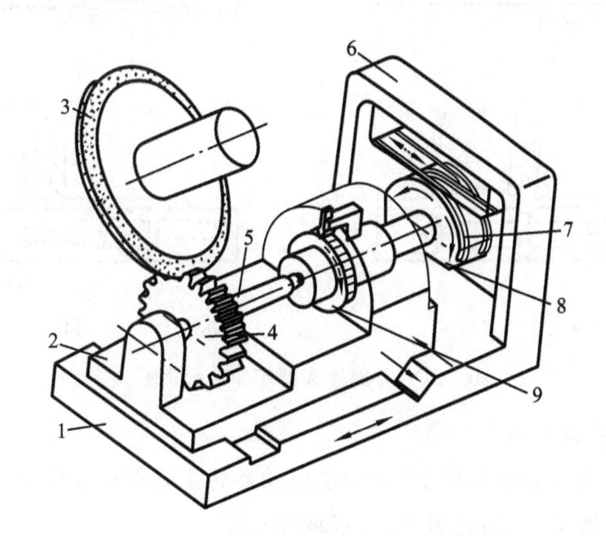

图 2-11　利用钢带滚圆盘实现展成运动

1—下滑板；2—上滑板；3—砂轮；4—工件；5—工件主轴；
6—框架；7—钢带；8—滚圆盘；9—精密分度板

盘 8，两条钢带 7 的一端固定在滚圆盘上，另一端分别固定在框架 6 的两边，而且两条钢带在水平方向拉紧。当上滑板 2 由偏心轮带动，在下滑板 1 上作垂直于工件主轴方向往复运动时，由于固定在框架上的两条钢带紧拉着滚圆盘，使滚圆盘在钢带中线所在平面上来回滚动，使工件主轴一边随上滑板移动，一边转动，装载在工件主轴前端的工件 4 也就沿着假想齿条（砂轮 3）滚动，实现展成运动。

滚圆盘直径主要根据工件齿数、模数和砂轮磨削角来确定。磨削不同齿数和模数的工件，需要尺寸不同的滚圆盘。由于滚圆盘直径很容易获得较高的制造精度，这种方法获得的展成运动精度，或加工出来的齿形渐开线精度很高。

2.3.5 磨床—M1432A 型万能外圆磨床

以磨料、磨具（砂轮、砂带、油石、研磨料等）为工具对工件进行切削加工的机床，统称为磨床。磨床主要用于精加工和半精加工，其工艺范围很广，平面、内外圆柱和圆锥面、螺纹面、齿面、各种成形面等都可以用相应的磨床加工。

图 2-12 为万能外圆磨床加工示意图。

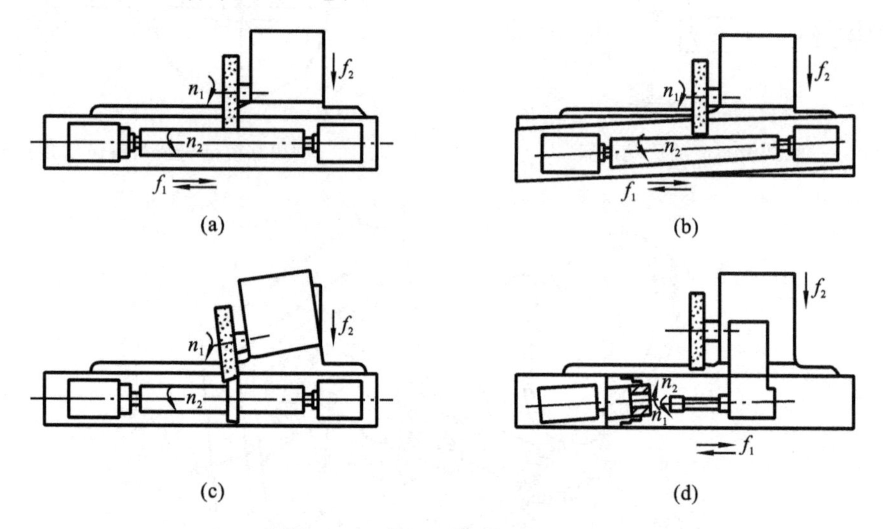

图 2-12　万能外圆磨床加工示意图

万能外圆磨床应有以下成形运动：

① 砂轮旋转主运动 n_1，由电动机经带传动驱动砂轮主轴作高速转动；

② 工件圆周进给运动 n_2，转速较低，可以调整；

③ 工件纵向进给运动 f_1，通常由液压传动，以使换向平衡并能无级调速；

④ 砂轮架周期或连续横向进给运动 f_2，可由手动或液压实现。

2.3.6 组合机床

组合机床是根据特定工件的加工要求，以系列化、标准化的通用部件为基础，配以少量的专用部件所组成的专用机床。

工艺范围：平面加工和孔加工，如铣平面、车端面、锪平面、钻孔、扩孔、铰孔、镗孔、倒角、切槽、攻螺纹、锪沉头孔和滚压孔等。组合机床最适合加工箱体类零件。

与一般专用机床相比，组合机床具有以下四个特点：

① 设计制造周期短；

② 加工效率高；

③ 加工对象改变后，通用零部件可重复使用，组成新的组合机床，不致因产品的更新造成设备的大量浪费；

④ 可方便地组成组合机床自动线。

2.3.7　数字控制机床

数字控制机床(简称数控机床)是一种用数字化的代码作为指令，由数字控制系统进行处理而实现自动控制的机床。

1. 数控机床的特点及应用范围

1) 数控机床的特点

(1) 加工精度高，重复性好。

(2) 对加工对象的适应性强。加工对象改变后，通过软件调整加工工艺、更换刀具和其他工装即可进行新的加工。

(3) 加工形状复杂的工件比较方便。多轴联动，实现复杂轨迹，加工复杂曲面。

(4) 生产率高。辅助时间短，一次装夹，可完成多面加工。

(5) 易于建立计算机通信网络。

(6) 使用、维修技术要求高，机床价格较昂贵。

2) 数控机床的使用范围

如图 2-13 所示，数控机床特别适合在单件小批量生产条件下，加工形状复杂的曲线、曲面零件，结构复杂，要求多部位、多工序加工的零件，价格昂贵、不允许报废的零件，要求精密复制或准备多次改变设计的零件等。

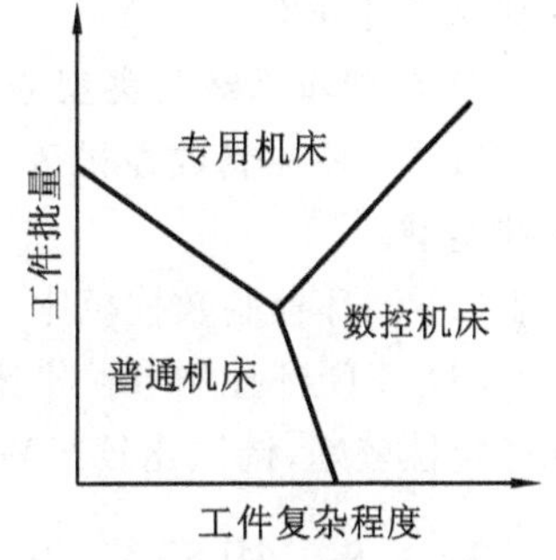

图 2-13　数控机床的使用范围

2. 数控机床的组成与工作原理

数控机床通常由输入介质、数控装置、伺服系统和机床本体四部分组成(见图 2-14)。其中，机床本体是在普通机床的基础上发展起来的，但也做了许多改进和提高。由于采用数控软件调速，数控机床的机械传动系统较同类机床简单许多。

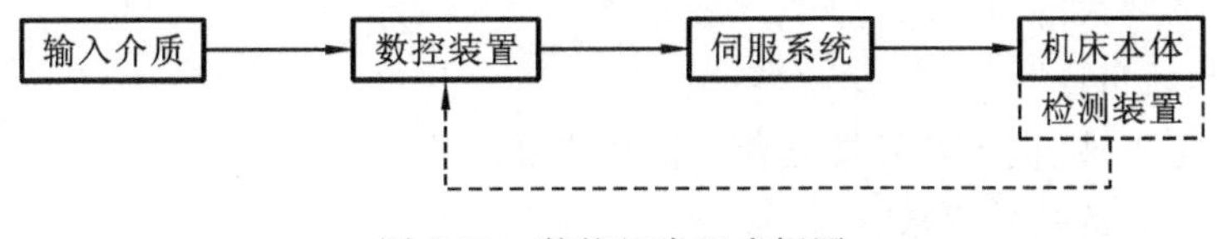

图 2-14　数控机床组成框图

3. 数控机床的分类

1）按工艺用途分类

（1）一般数控机床的具体分类方法、加工方法、工艺范围等与传统机床的类似，不同的是，除装卸工件外，这类机床的加工过程是完全自动的，并且还可以加工形状复杂的表面。

（2）可自动换刀的数控机床，即加工中心，与一般数控机床相比，其主要特点是带有一个刀库和自动换刀装置，工件能在一次装夹中完成大部分甚至全部加工工序。

2）按控制运动的方式分类

（1）点位控制数控机床只对刀具或工作台的位置进行准确控制，而点与点之间的运动轨迹不需要严格控制，在点与点之间的移动过程中也不进行切削。

（2）点位直线控制数控机床不仅要控制刀具或工作台从一点准确地移动到另一点，而且还要保证两点之间的运动轨迹为一条直线。由于刀具在相对于工件移动时要进行切削，因此移动速度也要进行控制。

（3）轮廓控制数控机床能对两个或两个以上的坐标轴进行严格的连续控制，不仅控制移动部件的起点和终点位置，而且控制整个加工过程中每一点的位置和速度，以加工出具有要求轮廓的零件表面。

3）按伺服系统的类型分类

（1）开环控制数控机床　加工精度不高，但价格低廉，中小型、经济型数控机床大多属于这种类型。

（2）闭环控制数控机床　加工精度高，价格较贵，调整、维修比较困难。

（3）半闭环控制数控机床　精度不及闭环控制数控机床，但其位移检测装置结构简单，系统稳定性较好，调试比较容易，因此应用比较广泛。

2.3.8 机床夹具

1. 概述

机床夹具是机床上用以装夹工件和引导刀具的一种装置。其作用是将工件定位，以使工件获得相对于机床或刀具的正确位置，并将工件可靠地夹紧。

装夹是将工件在机床上或夹具中定位、夹紧的过程。定位是指确定工件在机床或夹具中占有正确位置的过程。夹紧是指工件定位后将其固定，使其在加工过程中保持定位位置不变的操作。

1）机床夹具的用途

（1）准确确定工件、机床和刀具三者的相对位置。

（2）降低对工人的技术要求。

（3）保证工件的加工精度。

（4）减少工人装卸工件的时间和劳动强度。

(5) 提高劳动生产率。

(6) 有时还可扩大机床的使用范围。

2) 机床夹具的分类

机床夹具在生产中应用十分广泛,其种类繁多,按照应用范围和特点可以分为通用夹具、专用夹具、通用可调夹具、成组夹具、组合夹具和随行夹具等。其中,组合夹具是由一套预先制造好的标准元件和部件组装而成的专用夹具,具有结构灵活多变、元件能长期重复使用、设计和组装周期短等特点。

3) 机床夹具的组成

(1) 定位元件。

(2) 夹紧装置。

(3) 对刀、导引元件或装置。

(4) 连接元件。

(5) 其他装置或元件。

(6) 夹具体。

定位元件、夹紧装置和夹具体是夹具的基本组成部分。

2. 基准及其分类

基准是用来确定生产对象上几何要素间的几何关系所依据的那些点、线、面。基准分类如下。

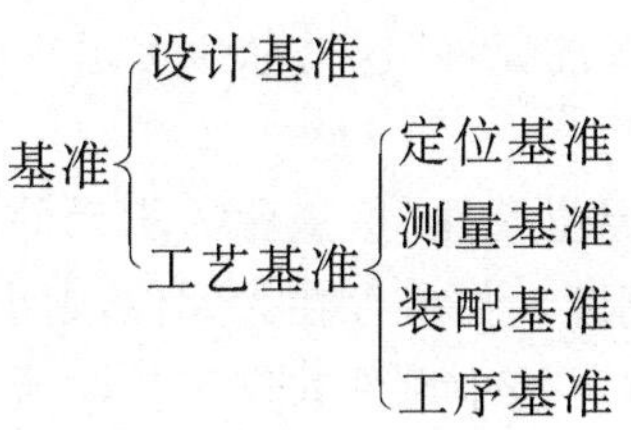

3. 工件在夹具中的定位

1) 六点定位原理

(1) 任何一个未受约束的物体,在空间都有6个自由度;

(2) 要确定物体在空间的位置,必须约束其6个自由度;

(3) 理论上讲,工件的6个自由度可用6个支承点加以限制,前提是这6个支承点在空间按一定规律分布,并保持与工件的定位基面相接触。

2) 支承点与定位元件

常用的定位元件:支承钉、支承板、心轴、V形块、圆柱销(削边销)、圆锥销、顶尖、圆柱套、锥套等。

定位元件相当于支承点的数目由它所限制的工件自由度数来判断,具体见教材表2-10。

可以用下列打油诗帮助记忆具体定位元件相当于支承点的数目。

锥五柱四平面三，
长四短二减一半。
活动削边去掉一，
自位多点当一算。

3) 完全定位与不完全定位

工件的6个自由度完全被限制的定位称为完全定位。

按加工要求，允许有1个或几个自由度不被限制的定位，称为不完全定位。

在实际生产中，工件被限制的自由度数一般不少于3个。

4) 欠定位与过定位

按工序的加工要求，工件应该限制的自由度而未予限制的定位，称为欠定位。

工件的同一自由度被两个或两个以上的支承点重复限制的定位，称为过定位。

欠定位是绝对不允许的，过定位要使用得当。

判断一个定位方案属于何种定位，能否满足加工要求，首先就要判断各个定位元件具体约束了工件哪些自由度。判断组合定位中，各个定位元件具体约束了工件哪些自由度的一般方法和过程如下。

(1) 判断各个定位元件单独定位时，可以约束的工件自由度数，也就是相当于支承点的数目。

(2) 判断在该组合定位方案中，工件还有哪些自由度没有被限制，也就是各定位元件共同约束了工件哪些自由度。

(3) 相当于支承点数不小于3的元件(这里称为大元件)所约束的工件自由度就是其单独定位的时候约束的自由度。

(4) 对于支承点数小于3的定位元件(这里称为小元件)，则根据其相当于的支承点数的多少，按照从大到小的顺序进行判断。如果存在大元件，则小元件中支承点数最多的那个定位元件约束的自由度，就是在大元件与该小元件共同定位时所约束的工件自由度减去大元件所约束的自由度。如果不存在大元件，则小元件中支承点数最多的那个定位元件(称为小元件1)约束的自由度，就是其单独定位时约束的自由度。判断相当于支承点数第二多的小元件(称为小元件2)约束的自由度的方法和过程与小元件1的完全一样，不同的是要在大元件和小元件1已经存在的情况下，首先判断还有哪些自由度没有被约束，也就是约束了哪些自由度，从这些自由度中减去大元件和小元件1已经约束的自由度，剩下的就是小元件2约束的自由度。判断相当于支承点数第三多的小元件约束的自由度的方法和过程与小元件2的完全一样。

过定位将导致：①同一工件的位置不确定；②同批工件的位置不一致；③定位干涉。

消除过定位干涉的方法和途径：①提高定位元件工作表面之间，以及工件定位基准面之间的位置精度；②去掉引起过定位的元件；③改变定位元件的结构，消除过定位。

5) 常见的定位方式及定位元件

见教材表2-10。

4. 定位误差分析

定位误差是同批工件在夹具中定位时，工序基准位置在工序尺寸方向或沿加工要求方向上的最大变动量。

定位误差应满足加工误差不等式，即

$$\Delta_{dw}+\Delta_{za}+\Delta_{gc}<\delta_{K}$$

定位误差的计算公式为

$$\Delta_{dw}=\Delta_{bc}\cos\beta\pm\Delta_{jw}\cos\gamma$$

例 2-1　一圆盘形工件在 V 形块上定位钻孔，假定孔的位置尺寸的标注方法有三种，其相应工序尺寸分别为 A、B、C，如图 2-15 所示。已知外圆直径为 $\phi d_{-T_d}^{\ 0}$，求工序尺寸 A、B、C 的定位误差，并比较其大小。

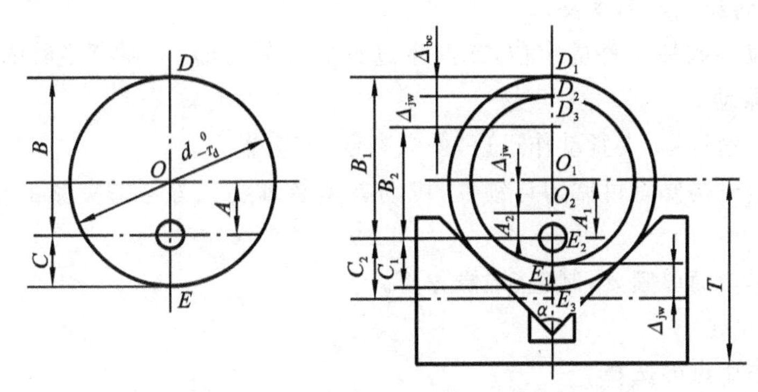

图 2-15　在 V 形块上定位的定位误差分析

解　(1) 判断工序基准与定位基准。

工序尺寸 A、B、C 的工序基准分别为外圆中心 O、外圆最高母线 D、外圆最低母线 E；定位基准都是外圆中心 O。只有工序尺寸 A 的定位基准与工序基准重合，$\Delta_{bc(A)}=0$。

(2) 计算基准不重合误差和基准位置误差。

$$\Delta_{bc(B)}=\Delta_{bc(C)}=T_d/2$$

$$\Delta_{jw}=T_d\Big/\left(2\sin\frac{\alpha}{2}\right)$$

(3) 判断 Δ_{bc} 和 Δ_{jw} 的方向。

工序尺寸 A：$\Delta_{bc(A)}=0$。

工序尺寸 B：当工件直径 d 由大到小变化时，工序基准和定位基准位置的变动方向相同，即 $\Delta_{bc(B)}$ 和 $\Delta_{jw(B)}$ 的方向相同，且与 B 方向一致。

工序尺寸 C：当工件直径 d 由大到小变化时，工序基准和定位基准位置的变动方向相反，即 $\Delta_{bc(C)}$ 和 $\Delta_{jw(C)}$ 的方向相反，且与 C 方向一致。

(4) 计算定位误差。

$$\Delta_{dw(A)} = \Delta_{jw} = T_d \Big/ \left(2\sin\frac{\alpha}{2}\right)$$

$$\Delta_{dw(B)} = \Delta_{bc(B)} + \Delta_{jw} = \frac{T_d}{2}\left(1 \Big/ \sin\frac{\alpha}{2} + 1\right)$$

$$\Delta_{dw(C)} = \Delta_{jw} - \Delta_{bc(C)} = \frac{T_d}{2}\left(1 \Big/ \sin\frac{\alpha}{2} - 1\right)$$

(5) 比较定位误差的大小。

$$\Delta_{dw(C)} < \Delta_{dw(A)} < \Delta_{dw(B)}$$

5. 工件在夹具中的夹紧

1) 夹紧装置的组成及基本要求

(1) 夹紧既应不破坏工件的定位,或产生过大的夹紧变形,又要有足够的夹紧力,防止工件在加工中产生振动。

(2) 足够的夹紧行程,夹紧动作迅速,操纵方便,安全省力。

(3) 手动夹紧机构要有可靠的自锁性,机动夹紧装置要统筹考虑夹紧的自锁性和原动力的稳定性。

(4) 结构应尽量简单紧凑,制造、维修方便。

2) 夹紧力的确定

(1) 夹紧力作用点的选择。

① 夹紧力的作用点应正对支承元件或位于支承元件所形成的支承面内。

② 夹紧力的作用点应位于工件刚度较好的部位。

③ 夹紧力的作用点应尽量靠近加工表面,以减小切削力对夹紧点的力矩,防止或减小工件的加工振动或弯曲变形。

(2) 夹紧力作用方向的选择。

① 夹紧力的方向应使定位基面与定位元件接触良好,保证工件定位准确可靠;

② 夹紧力的方向应与工件刚度最大的方向一致,以减小工件变形;

③ 夹紧力的方向应尽量与工件受到的切削力、重力等的方向一致,以减小夹紧力。

(3) 夹紧力大小的计算。

一般,先通过静力平衡方程求出理论夹紧力,然后再乘以安全系数 K,作为实际所需的夹紧力。粗加工时,K 为 2.5～3,精加工时,K 为 1.5～2。

3) 典型夹紧机构

(1) 斜楔夹紧机构的特点

① 利用斜面楔紧原理对工件进行夹紧。

② 结构简单。

③ 具有增力特性：可将原动力放大约3倍。

④ 具有自锁特性：自锁条件为 $\alpha<\varphi_1+\varphi_2$。

⑤ 夹紧行程小。

⑥ 直接应用不方便，用作增力机构。

(2) 螺旋夹紧机构的特点

① 螺旋面可以看作是绕在圆柱体上的斜面，将它展开就相当于一个斜楔。

② 结构简单、紧凑。

③ 具有增力特性：可将原动力放大约100倍以上。

④ 具有很好的自锁特性：总能满足自锁条件 $\alpha<\varphi_1+\varphi_2$。

⑤ 夹紧行程不受限制。

⑥ 在手动夹紧装置中应用广泛。

(3) 圆偏心夹紧机构的特点

① 可以看作是绕在基圆盘上的弧形楔。

② 结构简单、操作快速。

③ 具有增力特性：可将原动力放大约10倍以上。

④ 自锁特性不稳定：弧形楔上各点的升角 α_x 是变化的。

⑤ 夹紧行程不大，最大理论行程为 $2e$。

⑥ 应用于夹紧力不大、没有振动且要求快速夹紧的场合。

(4) 定心夹紧机构的特点

① 定位与夹紧用同一元件。

② 利用定位夹紧元件等速趋近(或退离)某一中心线或对称平面，或利用该元件的均匀弹性变形，完成对工件的定位夹紧或松开。

③ 主要适用于几何形状对称并以对称轴线、对称中心或对称平面为工序基准的工件定位夹紧。

常用的夹紧机构还有铰链夹紧机构和联动夹紧机构。铰链夹紧机构的主要特点是结构简单、增力比大，但自锁性差，常用在气动夹紧机构中作为增力机构，以弥补气动原动力的不足。联动夹紧机构是一种操作简便的高效夹紧机构，可以通过一个操作手柄或利用一个动力装置，实现对一个工件的同一方向或不同方向的多点夹紧，或同时夹紧若干个工件。

4) *夹紧动力装置*

夹紧动力装置主要有气动夹紧装置、液压夹紧装置、真空夹紧装置、电磁夹紧装置和手动夹紧装置。其中，气动夹紧装置的主要特点是夹紧力恒定、夹紧动作迅速，但由于空气是可压缩的，其夹紧刚性较差。液压夹紧装置具有工作压力大(比气压高十多倍)、油缸尺寸小、夹紧刚性大、工作平稳、夹紧可靠、噪声小等优点，在大切削力时应用广泛。真空夹紧装置利用封闭腔内的真空度吸紧工件，实质上是利用大气压力来夹紧工件，主要用于容易产生夹紧变形、且加工精度要求高的薄片工件,或刚度很差的大型薄壳工件的夹紧。电磁夹紧装置多用作机床附件,适合于夹紧较薄的、切削力不大且要求变形小的小型精加工导磁工件。

2.4　自　测　题

2-1　什么是切削用量三要素?

2-2　刀具的基本角度有哪些?它们是如何定义的?

2-3　已知一外圆车刀切削部分的主要几何角度为:$\gamma_0=15°$、$\alpha_0=\alpha_0'=8°$、$\kappa_r=75°$、$\kappa_r'=15°$、$\lambda_s=-5°$,试绘出该刀具切削部分的工作图。

2-4　刀具材料应具有哪些性能?

2-5　什么是高速钢?什么是硬质合金?

2-6　什么是逆铣?什么是顺铣?它们各有何特点?

2-7　砂轮的特性主要由哪些因素决定?

2-8　证明 CA6140 型车床的机动进给量 $f_{纵}\approx 2f_{横}$。

2-9　在 Y3150E 型滚齿机上加工斜齿圆柱齿轮,已知工件 $m=4$ mm,$Z=56$,$\beta=19°07'$,右旋;滚刀 $K=1$,$\lambda=2°47'$,左旋。试进行展成传动链、差动传动链的调整计算。已知 Y3150E 型滚齿机的挂轮表:主运动变速挂轮 $m=3$,齿数 22,33(2 个),44;e、f 变换挂轮 $m=2$,齿数 24,36(2 个),48;展成运动和差动运动调整用 $m=2$,齿数(47 个)分别为 20(2 个),23,24,25,26,30,32,33,34,35,37,40,41,43,45,46,47,48,50,52,53,55,57,58,59,60(2 个),61,62,65,67,70,71,73,75,79,80,83,85,89,90,92,95,97,98,100。计算时,调整公式中的 a、b、c、d、e、f、a_2、b_2、c_2、d_2 只能从挂轮表中选取。

2-10　万能外圆磨床有哪些成形运动?

2-11　什么是组合机床?它与通用机床及一般专用机床相比有什么特点?

2-12　分析图 2-16 所列定位方案:(1)指出各定位元件所限制的自由度;(2)判断有无欠定位或过定位;(3)对不合理的定位方案提出改进意见。

图 2-16(a)所示为过三通管中心 O 打一孔,使孔轴线与管轴线 OX、OZ 垂直相交;

图 2-16(b)所示为车外圆,保证外圆与内孔同轴;

图 2-16(c)所示为车阶梯轴外圆;

图 2-16(d)所示为在圆盘零件上钻孔,保证孔与外圆同轴;

图 2-16(e)所示为钻铰链杆零件小头孔,保证小头孔与大头孔之间的距离及两孔平行度。

2-13　用 V 形块定位加工小孔,试比较图 2-17 所示四种定位方案中尺寸 A、B、C 和 E 的定位误差。已知圆盘直径公差为 T(mm),V 形块两工作表面夹角为 α。

2-14　如图 2-18 所示,工件以外圆柱面在 V 形块上定位,在插床上对套筒进行插键槽工序。已知外径 d 为 $\phi 50^{+0}_{-0.03}$,内径 D 为 $\phi 30^{+0.05}_{0}$,试计算影响工序尺寸 H 的定位误差。

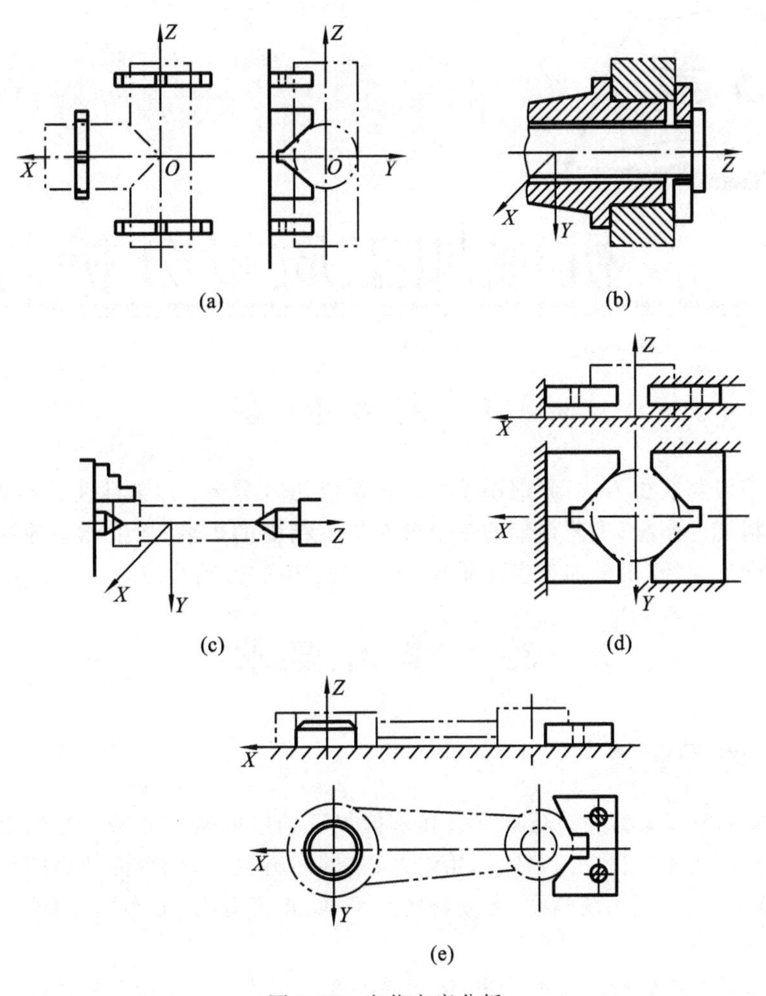

图 2-16　定位方案分析

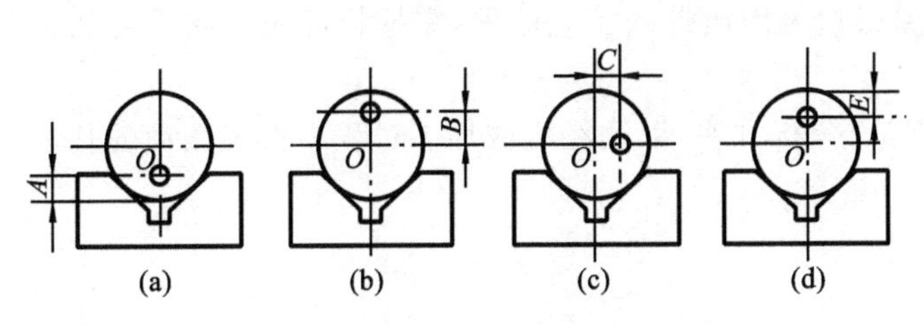

图 2-17　加工小孔的定位方案

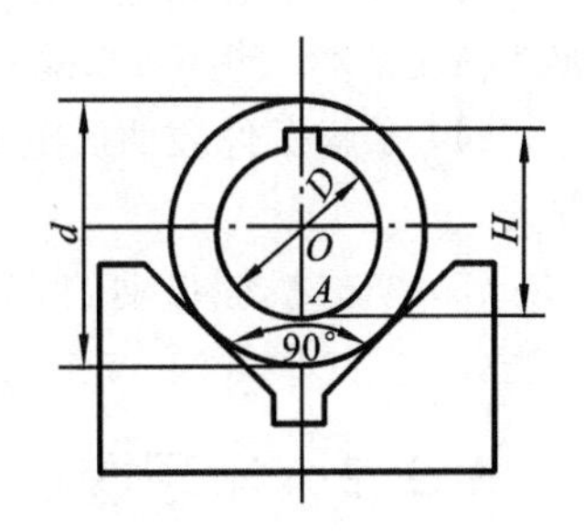

图 2-18　铣键槽定位方案

机械加工质量分析与控制

3.1 主要内容

机械加工精度与获得方法;原理误差与工艺系统几何误差对加工精度的影响;工艺系统受力变形对加工精度的影响;工艺系统的热变形对加工精度的影响;加工误差的统计分析;保证和提高加工精度的途径;机械加工表面质量;机械加工中的振动及控制。

3.2 学习要求

3.2.1 学习要求

(1) 在了解机械加工精度的基本含义和掌握加工精度的基本方法的基础上,掌握机械加工质量分析与控制的重要概念,包括:原始误差、主轴回转误差、机床传动链的传动误差、误差敏感方向、误差复映、工艺系统刚度、温度场及其平衡、正态分布、分布图、表面质量、磨削烧伤等。

(2) 掌握加工误差分析的基本方法,包括单因素分析法和加工误差的统计分析方法。

(3) 分析了解原理误差与工艺系统几何误差、工艺系统受力变形、工艺系统受热变形等对加工精度的影响规律,掌握保证和提高加工精度的途径。

(4) 了解工件表面质量的重要性和影响表面质量的工艺因素,掌握提高表面质量的加工方法。

(5) 掌握机械振动的有关概念、理论、分析方法,以及在机械加工过程中控制振动的基本方法。

3.2.2 学习重点与难点

(1) 重要概念,如主轴回转误差、误差敏感方向、误差复映、工艺系统刚度、强迫振动、自激振动等概念的理解与应用。

(2) 控制加工误差和加工振动、提高加工精度的措施和途径,包括提高导轨运动精度、提高主轴回转精度、减小传动链传动误差、减小工艺系统受力变形和热变形对加工精度的影响、抑制强迫振动和自激振动等的措施,保证和提高加工精度的途径、提高表面质量的加工方法等的理解和掌握。

(3) 分析计算,包括工艺系统受力变形的计算、误差复映的计算和加工误差的统计分析计算。

3.3 要点归纳

3.3.1 机械加工精度与获得方法

1. 机械加工精度的基本概念

加工精度:零件经机械加工后,其几何参数(尺寸、形状和表面间的相互位置)的实际值与理论值的符合程度。

加工误差:零件经机械加工后,其几何参数(尺寸、形状和表面间的相互位置)的实际值与理论值之差。

零件的加工精度包含三个方面:尺寸精度、形状精度和位置精度。形状公差应限制在位置公差之内,而位置公差又要限制在尺寸公差之内。

2. 研究机械加工精度的目的和方法

目的:了解机械加工工艺的基本理论,分析各种工艺因素对加工精度的影响及其规律,从而找出减小加工误差、提高加工精度和效率的工艺途径。

方法:①分析计算法——分析加工误差可能是哪一个或哪几个主要原始误差所引起的,找出原始误差与加工误差之间的关系,估算加工误差的大小,再通过试验测试来加以验证;②统计分析法——对工件的几何参数进行测量,用数理统计方法对测试数据进行分析处理,找出加工误差的规律和性质,进而控制加工质量。

3. 获得机械加工精度的方法

1) 获得尺寸精度的方法

(1) 试切法:通过试切→测量→调整→再试切→……,直至被加工尺寸达到要求为止的加工方法。

(2) 调整法:预先调整好刀具和工件在机床上的相对位置,并在一批零件的加工过程中保持此位置不变,以保持被加工零件尺寸的加工方法。

(3) 定尺寸刀具法:用刀具的相应尺寸来保证工件被加工部分的尺寸的加工方法。

(4) 自动控制法:在加工过程中,通过由尺寸测量装置、动力进给装置和控制机构等组成的自动控制系统,自动完成工件尺寸的测量、刀具的补偿调整和切削加工等一系列动作,当工件达到要求的尺寸时，发出指令停止进给和此次加工，从而自动获得所要求尺寸精度的一种加工方法。

2）获得形状精度的方法

（1）成形法：利用成形刀具对工件进行加工来获得加工表面形状的方法。

（2）轨迹法：依靠刀具与工件的相对运动轨迹获得加工表面形状的加工方法。

（3）展成法：利用工件和刀具作展成切削运动来获得加工表面形状的加工方法。

3）获得位置精度的方法

（1）一次装夹获得法：一次装夹，加工多个表面。

（2）多次装夹获得法：包括直接装夹法、找正装夹法和夹具装夹法。

3.3.2 原始误差对加工精度的影响

1. 机械加工过程中的原始误差

加工过程中可能出现的原始误差见图 3-1。

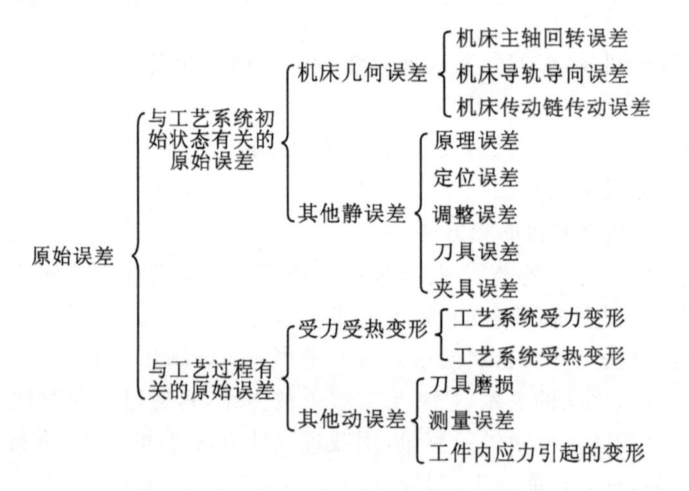

图 3-1 加工过程中可能出现的原始误差

2. 工艺系统原始误差对机械加工精度的影响及其控制

1）工艺系统原始误差对尺寸精度的影响及其控制

影响零件获得尺寸精度的主要因素包括尺寸测量精度、微量进给精度、微薄切削层的极限厚度、定位和调整精度以及刀具的制造精度等。

（1）尺寸测量精度　保证尺寸测量精度的主要措施有：

① 合理选择测量工具，并对测量工具的工作精度进行定期校准；

② 选择的测量工具或测量方法尽可能符合“阿贝原则”；

③ 对同一尺寸进行多次重复测量，减小或消除随机误差。

(2) 微量进给精度　提高微量进给精度的主要措施：

① 提高进给机构的传动刚度，包括：消除进给机构中各传动元件之间的间隙，在结构允许的条件下，适当加大进给机构中传动丝杠的直径，缩短传动丝杠的长度，以减少其在进给传动时的受力变形；

② 采用滚珠丝杠螺母、滚动导轨、静压螺母、静压导轨等，减少进给机构各传动副之间的摩擦力和静、动摩擦系数的差值。

(3) 微薄切削层的极限厚度　实现微薄切削层加工（减小微薄切削层极限厚度）的主要措施：

① 选择切削刃口半径小的刀具材料（如金刚石）或粒度号大的细磨粒磨料，并对刀具刃口进行精细研磨；

② 提高刀架和刀具刚度。

2) 工艺系统原始误差对形状精度的影响及其控制

(1) 影响形状精度的主要因素有如下几个。

① 采用成形运动法获得形状精度时，主要有：各成形运动本身的精度，各成形运动之间的相互位置关系精度和各成形运动之间的运动精度。这三类因素都属于机床几何精度。

② 采用成形刀具加工时，还包括成形刀具的制造、安装精度。

③ 采用非成形运动法获得零件加工表面形状时，主要是加工表面形状的检测精度。

(2) 加工原理误差　加工原理误差是指由于采用了近似的成形运动或刀刃形状而产生的误差。

滚切渐开线齿形就存在两项原理误差：①为便于制造，用阿基米德基本蜗杆或法向直廓基本蜗杆，来代替渐开线基本蜗杆而产生的误差；②由于滚刀刀刃数有限，滚切出的齿形不是连续、光滑的渐开线，而是由若干短线组成的折线。

采用近似的成形运动或近似的刀刃轮廓虽然会带来加工原理误差，但往往可以简化机床结构或刀具形状，工艺上容易实现，有利于从总体上提高加工精度、降低生产成本、提高生产效率。因此，原理误差的存在有时是合理的、可以接受的。

(3) 机床几何精度的影响及控制（以图 3-2 所示卧式车床为例）。

① 误差敏感方向：工件加工表面的法线方向，见图 3-3。

车削外圆时的原始误差 $\delta=\overline{AA'}$

$$\Delta R=\overline{OA'}-\overline{OA}=\sqrt{R_0^2+\delta^2+2R_0\delta\cos\phi}-R_0$$

当 $\phi=0°$ 时（OA 方向为加工误差敏感方向），$\Delta R_{\max}=\delta$；

当 $\phi=90°$ 时（垂直于 OA 的方向为加工误差最不敏感方向），$\Delta R_{\min}=\dfrac{\delta^2}{2R_0}$。

② 直线导轨导向误差对直线运动精度及加工精度的影响（根据误差敏感方向判断）。

车床前后导轨之间扭曲对加工精度的影响（见图 3-4）：刀架运动时会产生摆动，刀尖的运动轨迹是一条空间曲线，使工件产生形状误差。记导轨扭曲误差值为 δ，车削外圆时的误差敏

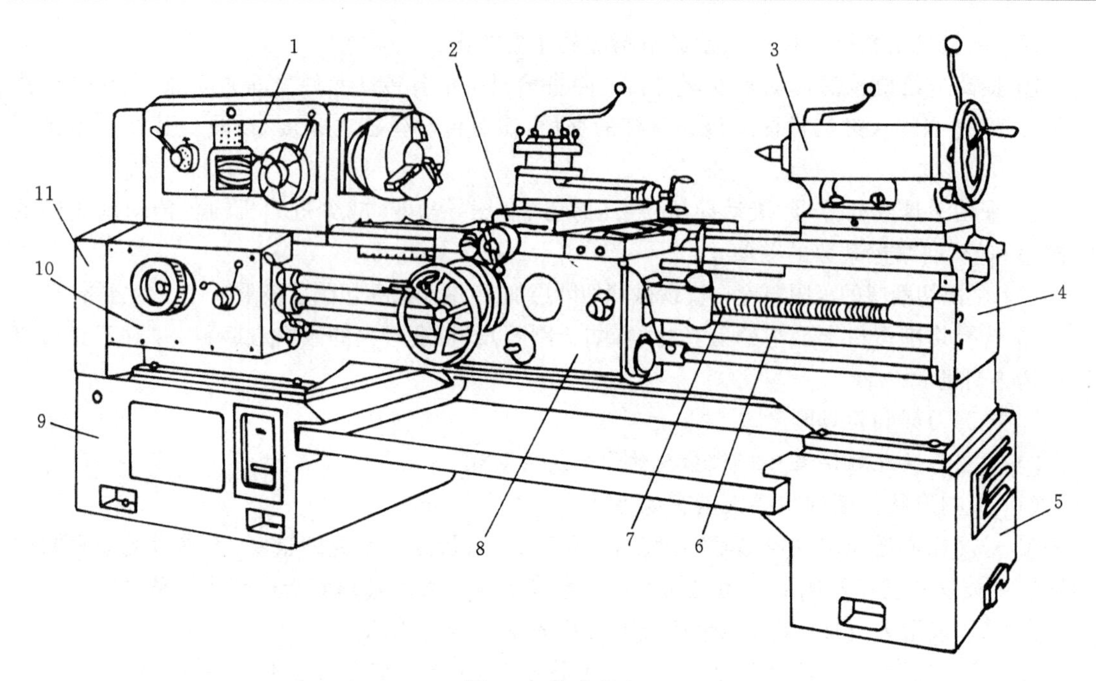

图 3-2　卧式车床

1—主轴箱；2—刀架；3—尾座；4—床身；5、9—床脚；6—光杠；
7—丝杠；8—溜板箱；10—进给箱；11—挂轮变速机构

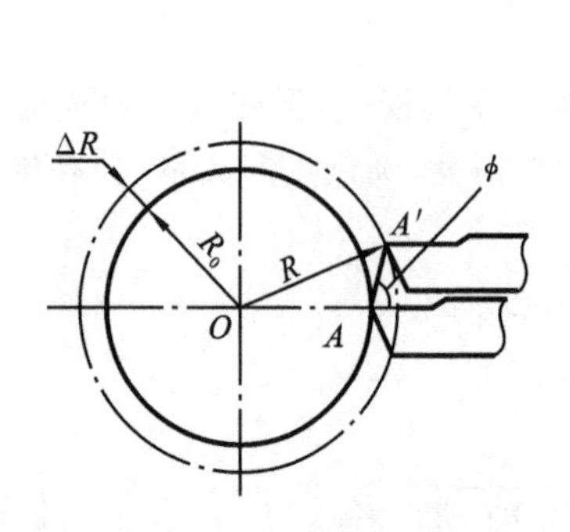

图 3-3　误差敏感方向

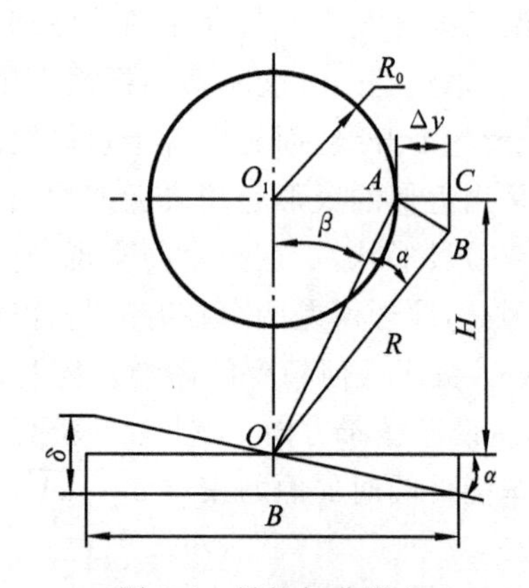

图 3-4　导轨扭曲误差

感方向是刀尖处(A 点)的工件表面法线方向，即半径方向或者水平方向，造成的半径误差为

$$\Delta y = \overline{AC} = R\sin(\alpha + \beta) - R_0 = R\cos\alpha\sin\beta + R\sin\alpha\cos\beta - R_0 \approx H\delta/B$$

提高导轨导向精度的主要措施：a. 选用合理的导轨形式和导轨组合形式，并在可能的条件下增加工作台与床身导轨的配合长度；b. 提高机床导轨的制造精度，主要是加工和配合接触精度；c. 选用适当的导轨类型。

③ 机床主轴回转误差。主轴回转误差是指主轴实际回转轴线相对于理想回转轴线的偏离程度，也称为主轴“漂移”。机床主轴是决定工件或刀具位置的重要部件，主轴回转误差直接影响被加工零件的形状、位置精度和表面粗糙度。主轴回转误差可分解为径向跳动、轴向窜动和角度摆动。

影响主轴回转精度的主要因素有：轴承误差；与轴承配合零件的误差；主轴转速；主轴系统的径向不等刚度和热变形。

机床主轴回转误差对加工误差的影响见表 3-1。

表 3-1　机床主轴回转误差对加工误差的影响

主轴回转误差的基本形式	车床上车削			镗床上镗削	
	内外圆	端面	螺纹	孔	端面
纯径向跳动	影响极小	无影响	螺距误差	圆度误差	无影响
纯轴向窜动	无影响	平面度误差 垂直度误差	螺距误差	无影响	平面度误差 垂直度误差
纯倾角摆动	圆柱度误差	影响极小	螺距误差	圆柱度误差	平面度误差

提高主轴回转精度的措施有：提高主轴部件的制造精度；对滚动轴承进行预紧；使主轴的回转误差不反映到工件上。

④ 机床传动链的传动误差（见图 3-5）。

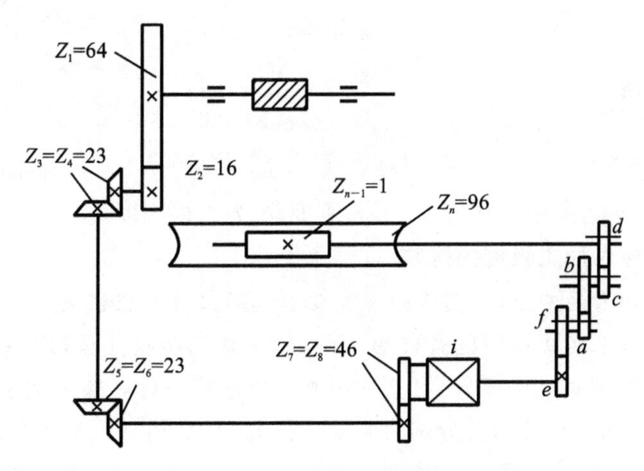

图 3-5　滚齿机传动链图

采用极值法计算出的各传动件对工件精度的综合影响为

$$\Delta\phi_{\Sigma} = \sum_{j=1}^{n} \Delta\phi_{jn} = \sum_{j=1}^{n} K_j \Delta\phi_j$$

概率法估算的综合影响为

$$\Delta\phi_{\Sigma} = \sqrt{\sum_{j=1}^{n} K_j^2 \Delta\phi_j^2}$$

其中，$\Delta\phi_j$ 为第 j 个传动件的传动误差($j=1,2,3,\cdots,n$)；K_j 是第 j 个传动件的误差传递系数；n 是传动件的总数。

减少传动链传动误差的措施有：缩短传动链；降低传动比；减小传动链中各传动件的加工、装配误差，即减小 $\Delta\phi_j$；采用校正装置。

需要特别说明的是：机床导轨导向误差、机床主轴回转误差和机床传动链的传动误差不仅影响工件的形状精度，也影响工件的尺寸精度和位置精度。

3）工艺系统原始误差对位置精度的影响

影响工件加工位置精度的主要因素有：机床的几何精度；工件的找正精度；夹具的制造和安装精度；刀具的制造和安装精度；工件加工表面之间位置的检测精度等。

3.3.3　工艺系统受力变形对加工精度的影响

1. 基本概念

工艺系统是机械加工中，由机床、夹具、工件等组成的加工系统。

工艺系统的刚度(k)是指加工表面法向切削分力 F_y 与刀具的切削刃在切削力的作用下相对工件在该方向上的位移 y 的比值。

$$k = \frac{F_y}{y}$$

2. 工艺系统刚度

$$\frac{1}{k} = \frac{1}{k_{jc}} + \frac{1}{k_{jj}} + \frac{1}{k_{dj}} + \frac{1}{k_g}$$

式中：k_{jc} 为机床刚度；k_{jj} 为夹具刚度；k_{dj} 为刀具刚度；k_g 为工件刚度。

3. 工艺系统刚度对加工精度的影响

1）切削力大小和方向不变，作用点位置变化引起的工件形状误差

例 3-1　如图 3-6 所示短而粗的圆柱形工件，用头架和尾座支承，用悬伸长度很短的车刀车削外圆，由于工件和刀具的刚度好，其变形小到可以忽略不计。如果加工过程中切削力保持恒定不变，头架、尾座和刀具的刚度分别为 k_{tj}、k_{wz} 和 k_{dj}，试分析加工后工件的形状。

解　当刀具进给到距离头架 x 位置时，刀具离开(后退)理想位置的距离为 y_{dj}，工件在该位置离开理想位置的距离为 y_x，工件在两端离开理想位置的距离分别为 y_{tj} 和 y_{wz}，那么工艺系统变形引起的刀具与工件之间的相对位置变化(半径变大)y_{jc} 为

$$y_{jc} = y_x + y_{dj} = F_y\left[\frac{1}{k_{tj}}\left(\frac{L-x}{L}\right)^2 + \frac{1}{k_{wz}}\left(\frac{x}{L}\right)^2 + \frac{1}{k_{dj}}\right] = y_{jc}(x)$$

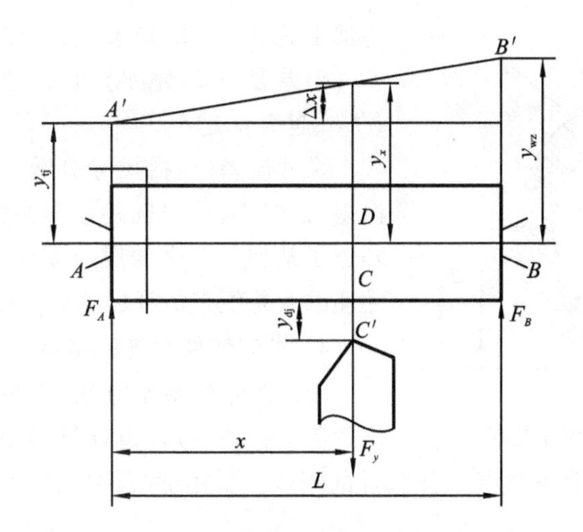

图 3-6 工艺系统变形随切削力位置变化而变化

当 $x=0$ 时，

$$y_{jc}=F_y\left(\frac{1}{k_{tj}}+\frac{1}{k_{dj}}\right)$$

当 $x=L$ 时，

$$y_{jc}=F_y\left(\frac{1}{k_{wz}}+\frac{1}{k_{dj}}\right)$$

当 $x=\frac{L}{2}$ 时，

$$y_{jc}=F_y\left(\frac{1}{4k_{tj}}+\frac{1}{4k_{wz}}+\frac{1}{k_{dj}}\right)$$

当 $x=\left(\frac{k_{wz}}{k_{tj}+k_{wz}}\right)L$ 时，

$$y_{jcmin}=F_y\left(\frac{1}{k_{tj}+k_{wz}}+\frac{1}{k_{dj}}\right)$$

变形大的位置，从工件上切去的金属层薄，变形小的位置切去的金属层厚，因此，机床受力变形会使加工出来的工件呈两头粗、中间细的鞍形，如图 3-7 所示。

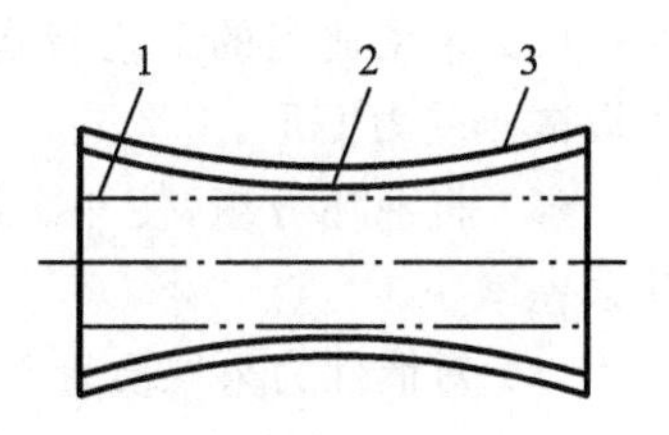

图 3-7 高刚度工件两顶尖支承车削后的形状

1—机床不变形的理想情况；
2—考虑床头箱、尾座变形的情况；
3—包括考虑刀架变形在内的情况

2）切削力大小变化引起的加工误差

在车床上加工短轴时，工艺系统刚度 k 变化不大，可看作常量。

当车削具有圆度误差 $\Delta_m=a_{p1}-a_{p2}$ 的毛坯时，由于工艺系统受力变形的变化而使工件产生相应的圆度误差 $\Delta_g=y_1-y_2$，且 Δ_m 越大，Δ_g 越大。这种工件加工前的误差以类似的规律反映

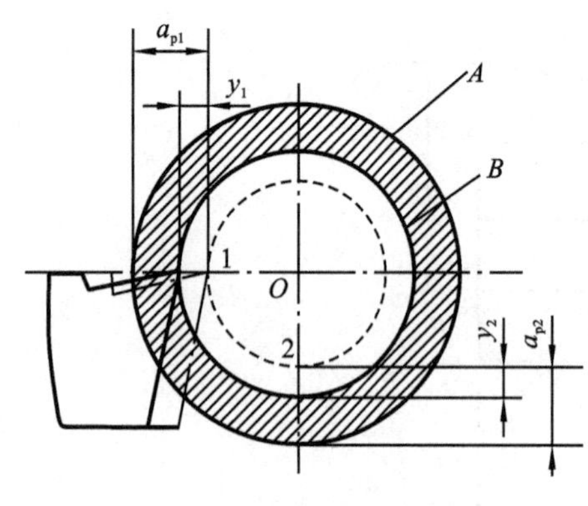

图 3-8　车削时的误差复映

为加工后的误差的现象称为误差复映，见图 3-8。

误差复映系数：Δ_g 与 Δ_m 之比值 ε。$\varepsilon=\Delta_g/\Delta_m=c/k$，$k$ 越大，ε 越小。

尺寸误差(包括尺寸分散)、形状误差或相互位置误差(如偏心、径向圆跳动等)都存在复映现象。如果知道了某加工工序的误差复映系数，就可以通过测量毛坯的误差值来估算加工后工件的误差值。

4. 机床部件刚度的测定

刚度测定的基本方法是对被测系统施加载荷，测出载荷引起的变形，再计算出要求的刚度。常用静态测定法和工作状态测定法来测量机床部件的刚度。采用静态测定法时，得到的机床部件的刚度曲线具有以下特点。

(1) 变形与作用力不是线性关系，表明刀架的变形不纯粹是弹性变形。

(2) 加载与卸载曲线不重合，两曲线间包容的面积代表了加载-卸载循环中所损失的能量，也就是克服部件内零件间的摩擦和接触塑性变形时所做的功。

(3) 卸载后曲线不回到原点，说明有残留变形。

(4) 部件的实际刚度远比按部件实体所估算的刚度小。

5. 减小工艺系统受力变形对加工精度影响的措施

1) 提高工艺系统刚度

(1) 合理的结构设计。

(2) 提高连接表面的接触刚度，具体措施包括提高机床部件中零件间结合表面的质量；给机床部件预加载荷；提高工件定位基准面的精度和减小其表面粗糙度值等。

(3) 采用合理的装夹方式和加工方式。

2) 减小载荷及其变化

(1) 采用适当的工艺措施，如合理选择刀具几何参数和切削用量，以减小切削力，这样就可以减小受力变形。

(2) 将毛坯分组，使一次调整中加工的毛坯余量比较均匀，就能减少切削力的变化，使复映误差减小。

(3) 对惯性力采取质量平衡措施。

6. 工件残余应力重新分布引起的变形

1) 残余应力的概念及其特性

残余应力也称内应力，是指在没有外力作用下或去除外力后工件内存留的应力。

具有残余应力的工件处于一种不稳定的状态。它内部的组织有强烈的倾向要恢复到一个稳定的没有应力的状态，零件在这种恢复过程中，将会发生翘曲变形，丧失原有的加工精度。

2）残余应力产生的原因

残余应力是由于金属内部相邻组织发生了不均匀的体积变化而产生的，造成这种变化的因素主要来自冷、热加工过程，包括毛坯制造和热处理过程、冷校直过程、切削加工过程等。

3）减少或消除残余应力的措施

(1) 增加消除内应力的热处理工序。

(2) 合理安排工艺过程。

(3) 其他措施，如改善零件的结构、提高零件的刚度、使壁厚均匀等。

3.3.4　工艺系统的热变形对加工精度的影响

1. 概述

在机械加工过程中，工艺系统的热变形将破坏刀具与工件的正确几何关系和运动关系，造成工件的加工误差。

热变形对加工精度的影响比较大，在精密加工和大件加工中，热变形所引起的加工误差通常会占到工件加工总误差的40%～70%。为了减少受热变形对加工精度的影响，通常需要预热机床以获得热平衡，或降低切削用量以减少切削热和摩擦热，或粗加工后停机以待热量散发后再进行精加工，或增加工序以使粗、精加工分开。热变形还影响加工效率。

高精度、高效率、自动化加工技术的发展，使工艺系统热变形问题成为现代机械加工技术发展必须研究的重要问题。

1）工艺系统的热源

(1) 内部热源：切削热（最主要的热源）和摩擦热（会引起局部温升和变形）主要以热传导的形式传递。

(2) 外部热源：工艺系统外部的、以对流传热为主要传递形式的环境热量和各种辐射热（包括由阳光等发出的辐射热），在大型、精密加工时不能忽视。

2）工艺系统的热平衡和温度场概念

(1) 热平衡状态：单位时间内散出的热量与传入的热量相等的状态。

(2) 温度场：物体中各点温度的分布称为温度场。

(3) 不稳态温度场：当物体未达到热平衡时，各点温度不仅是坐标位置的函数，也是时间的函数，这种温度场称为不稳态温度场。

(4) 稳态温度场：物体达到热平衡后，各点温度将不再随时间而变化，而只是其坐标位置的函数，这种温度场称为稳态温度场。

2. 工件热变形对加工精度的影响

1）工件比较均匀地受热

此时，工件的热变形量可以根据工件材料的有关参数用给定的公式计算出来。精加工时，工件热变形对加工精度的影响一般比较严重。

为了避免工件粗加工时的热变形对精加工的影响，在安排工艺过程时，应尽可能遵循“粗精分开”原则。

2）工件不均匀受热

一般可以采用在切削时增加切削液来减小切削表面的温升，或者采用误差补偿方法来减小或消除工件不均匀受热所产生的热变形对零件精度的影响。

3. 刀具热变形对加工精度的影响

刀具热变形主要是由切削热引起的，加工大型零件时，刀具热变形往往造成工件的几何形状误差。通过合理选择切削用量和刀具几何参数，并给以充分的冷却润滑，减小切削热，降低切削温度等措施，可以减小刀具热变形对加工精度的影响。

4. 机床热变形对加工精度的影响

机床在工作过程中受到内外热源的影响，形成不均匀的温度场，将使机床各部件之间的相互位置发生变化，破坏原有的几何精度，特别是加工误差敏感方向上的几何精度而造成加工误差。

机床热变形对加工精度的影响比较复杂。机床的类型不同，其内部主要热源也各不相同，热变形对加工精度的影响也不相同。

5. 减少工艺系统热变形对加工精度影响的措施

(1) 减少热源的发热和隔离热源。

① 减少热源的发热：减小切削用量；粗、精加工分开。

② 隔离热源：将电动机、变速箱、液压系统等热源移出机床，使之成为独立单元。

③ 主轴轴承、丝杠螺母副、高速导轨副等不能分离的热源，从结构、润滑等方面改善其摩擦特性，减少发热。

④ 发热量大的热源，如既不能从机床内部移出，又不便隔热，则采用强制风冷、水冷等散热措施。

(2) 均衡温度场。

(3) 采用合理的机床部件结构及装配基准。

① 采用热对称结构。

② 合理选择机床零部件的装配标准。

(4) 加速达到热平衡状态。

(5) 控制环境温度。

3.3.5 加工误差的统计分析

1. 加工误差的性质

1）系统误差

在顺序加工一批工件中，若其加工误差的大小和方向都保持不变，或者按一定规律变化，这样的加工误差统称为系统误差。误差的大小和方向都保持不变的加工误差称为常值系统误差。按一定规律变化的加工误差称为变值系统误差。

常值系统误差包括加工原理误差，机床、刀具、夹具的制造误差，工艺系统的受力变形等引起的加工误差，均与加工时间无关，其大小和方向在一次调整中基本不变；机床、夹具、量具等磨损引起的加工误差，在一次调整的加工中无明显差异。

变值系统误差包括机床、刀具和夹具等在热平衡前的热变形误差，刀具的磨损等。

2）随机误差

在顺序加工的一批工件中，若其加工误差的大小和方向的变化是随机的，称为随机误差。

典型随机误差有毛坯误差（余量大小不一、硬度不均等）的复映、定位误差、夹紧误差、多次调整的误差、残余应力引起的变形误差等。

2. 分布图分析法

1）实验分布图

（1）样本与样本容量：成批加工的某种零件，抽取其中一定数量的零件进行测量，抽取的零件称为样本，其件数 n 称为样本容量。

（2）极差：样本尺寸 x 或偏差的最大值与最小值之差称为极差，$R=x_{\max}-x_{\min}$。

（3）组距：将样本尺寸或偏差按大小顺序排列，并将它们分成 k 组，组距 $d=R/(k-1)$。分组数按照表3-2选取。

表3-2　分组数 k 的选定

n	25～40	40～60	60～100	100
k	6	7	8	10
n	100～160	160～250	250～400	400～630
k	11	12	13	14

（4）频数或频率：同一尺寸组或同一误差组的零件数量 m_i 称为频数，频率 $f_i=m_i/n$。

（5）实验分布图：即直方图，横坐标 x，纵坐标 m、f 或频率密度，如图3-9所示。

（6）平均值：表示样本的尺寸分散中心，取决于调整尺寸和常值系统误差。

$$\bar{x}=\frac{1}{n}\sum_{i=1}^{n}x_i$$

（7）样本标准差：反映样本的尺寸分散程度，由变值系统误差和随机误差决定。

$$S=\sqrt{\frac{1}{n-1}\sum_{i=1}^{n}(x_i-\bar{x})^2}$$

（8）频率密度：

$$\text{频率密度}=\frac{\text{频率}}{\text{组距}}=\frac{\text{频数}}{\text{样本容量}\times\text{组距}}=\frac{m_i}{n\times d}$$

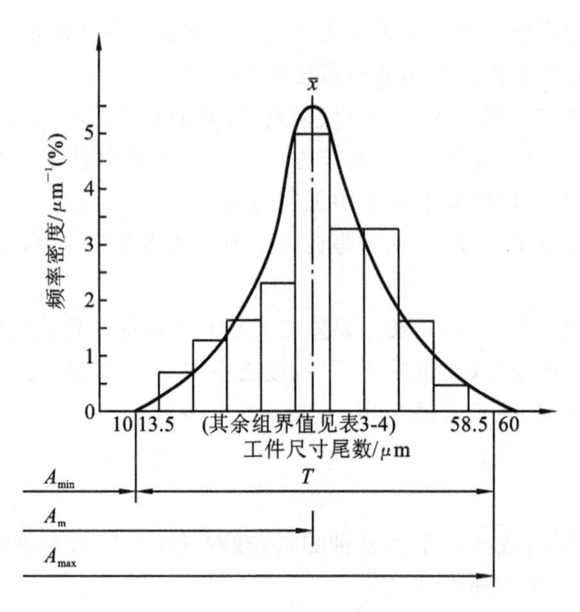

图 3-9 直方图

例 3-2 磨削一批轴径为 $\phi 60^{+0.06}_{+0.01}$ mm 的工件，试绘制工件加工尺寸的直方图。已知从该批工件中选取 $n=100$ 件，实测直径数据见表 3-3。

表 3-3 轴径偏差实测值 单位：μm

44	20	46	32	20	40	52	33	40	25
43	38	40	41	30	36	49	51	38	34
22	46	36	30	42	38	27	49	45	45
38	32	45	48	28	36	52	32	42	38
40	42	38	52	38	36	37	43	28	45
36	50	46	38	30	40	44	34	42	47
22	28	34	30	36	32	35	22	40	35
36	42	46	42	50	40	36	20	**16**	53
32	46	20	28	46	28	**54**	18	32	33
26	46	47	36	38	30	49	18	38	38

解 (1) 找出最大值 $x_{max}=54\ \mu m$，最小值 $x_{min}=16\ \mu m$。

(2) 确定分组数 k、组距 d、各组组界和组中值。组数 k 可按表 3-2 选取。

本例取 $k=9$，则组距为

$$d=\frac{R}{k-1}=\frac{x_{max}-x_{min}}{k-1}=\frac{54-16}{9-1}\ \mu m=4.75\ \mu m$$

取 $d=5\ \mu m$。

各组组界为

$$x_{min}+(j-1)d\pm\frac{d}{2}\quad(j=1,2,3,\cdots,k)$$

组中值为

$$x_{min}+(j-1)d\quad(j=1,2,3,\cdots,k)$$

(3) 记录各组数据，整理成频数分布表(见表3-4)。

表3-4　频数分布表

序号	组界/μm	组中值	频数	频数统计	频率/(%)	频率密度/μm^{-1}(%)
1	13.5～18.5	16	3	|||	3	0.6
2	18.5～23.5	21	7	|||||||	7	1.4
3	23.5～28.5	26	8	||||||||	8	1.6
4	28.5～33.5	31	13	|||||||||||||	13	2.6
5	33.5～38.5	36	26	||||||||||||||||||||||||||	26	5.2
6	38.5～43.5	41	16	||||||||||||||||	16	3.2
7	43.5～48.5	46	16	||||||||||||||||	16	3.2
8	48.5～53.5	51	10	||||||||||	10	2.0
9	53.5～58.5	56	1			1	0.2

(4) 根据表3-4所列数据画出直方图(见图3-9)。

(5) 在直方图上作出最大极限尺寸 $A_{max}=60.06$ mm 及最小极限尺寸 $A_{min}=60.01$ mm 的标志线，并计算出 $\bar{x}$ 和 S。$\bar{x}=37.3\ \mu m$，$S=8.93\ \mu m$。

由直方图可以直观地看到工件尺寸或误差的分布情况：该批工件的尺寸有一分散范围，尺寸偏大、偏小者很少，大多数居中；尺寸分散范围($6S=53.58\ \mu m$)略大于公差值($T=50\ \mu m$)，说明本工序的加工精度稍显不足；分散中心 $\bar{x}$ 与公差带中心 A_m 基本重合，表明机床调整误差(常值系统误差)很小。

2) 理论分布曲线

(1) 正态分布。

随机变量 x 符合正态分布的充要条件是其概率密度函数为

$$y=\frac{1}{\sigma\sqrt{2\pi}}\exp\left[-\frac{1}{2}\left(\frac{x-\mu}{\sigma}\right)^2\right]\quad(-\infty<x<+\infty,\sigma>0)$$

式中：y 为分布的概率密度；μ 为 x 的算术平均值；σ 为 x 的标准差。如图3-10所示。

不难证明，正态分布曲线是对称曲线，其最高点的坐标为 $(\mu,1/(\sigma\sqrt{2\pi}))$，拐点坐标为 $(\mu\pm\sigma,1/(\sigma\sqrt{2\pi}))$。参数 μ 决定曲线的位置，而 σ 决定曲线的形状，σ 越大，曲线越陡峭，σ 越

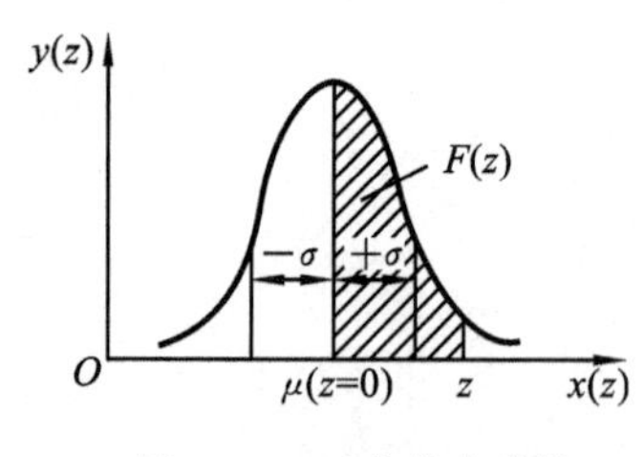

图 3-10　正态分布曲线

小，曲线越平坦。

$\mu=0$、$\sigma=1$ 的正态分布称为标准正态分布。非标准正态分布可以通过坐标变换 $z=\dfrac{x-\mu}{\sigma}$ 转换为标准正态分布。故可以利用标准正态分布的函数值，求得各种正态分布的函数值。

正态分布函数

$$F(x)=\frac{1}{\sigma\sqrt{2\pi}}\int_{-\infty}^{x}\exp\left[-\frac{1}{2}\left(\frac{x-\mu}{\sigma}\right)^{2}\right]\mathrm{d}x$$

表征随机变量 x 落在区间$(-\infty,x)$上的概率。令 $z=\dfrac{x-\mu}{\sigma}$，则有

$$F(z)=\frac{1}{\sqrt{2\pi}}\int_{0}^{z}\mathrm{e}^{-\frac{z^2}{2}}\mathrm{d}z$$

$F(z)$的具体数值见表 3-5。

① 当 $z=\pm3$，即 $x-\mu=\pm3\sigma$ 时

$$2F(3)=0.49865\times2\times100\%=99.73\%$$

② “$\pm3\sigma$ 原则”，或称“6σ 原则”：随机变量 x 落在 $\pm3\sigma$ 范围以内的概率为 99.73%，落在此范围以外的概率仅 0.27%，因此，一般认为，正态分布的随机变量的分散范围是 $\pm3\sigma$。

③ 一般而言，应该使所选择的零件加工方法的标准差 σ 与零件尺寸公差 T 之间满足关系 $6\sigma\leqslant T$。

(2) 非正态分布(略)。

3) 分布图分析法的应用

(1) 判别加工误差性质：是否存在变值系统误差。

(2) 确定工序能力及其等级，如表 3-6 所示，工序能力系数为

$$C_{\mathrm{p}}=\frac{T}{6\sigma}\quad(\text{一般 } C_{\mathrm{p}}>1)$$

表 3-5　正态分布曲线下的面积函数 $F(z)$

z	$F(z)$	z	$F(z)$	z	$F(z)$
0.00	0.0000	0.07	0.0279	0.14	0.0557
0.01	0.0040	0.08	0.0319	0.15	0.0596
0.02	0.0080	0.09	0.0359	0.16	0.0636
0.03	0.0120	0.10	0.0398	0.17	0.0675
0.04	0.0160	0.11	0.0438	0.18	0.0714
0.05	0.0199	0.12	0.0478	0.19	0.0753
0.06	0.0239	0.13	0.0517	0.20	0.0793

续表

z	$F(z)$	z	$F(z)$	z	$F(z)$
0.21	0.0832	0.54	0.2054	1.40	0.4192
0.22	0.0871	0.56	0.2123	1.45	0.4265
0.23	0.0910	0.58	0.2190	1.50	0.4332
0.24	0.0948	0.60	0.2257	1.55	0.4394
0.25	0.0987	0.62	0.2324	1.60	0.4452
0.26	0.1023	0.64	0.2389	1.65	0.4506
0.27	0.1064	0.66	0.2454	1.70	0.4554
0.28	0.1103	0.68	0.2517	1.75	0.4599
0.29	0.1141	0.70	0.2580	1.80	0.4641
0.30	0.1179	0.72	0.2642	1.85	0.4678
0.31	0.1217	0.74	0.2703	1.90	0.4713
0.32	0.1255	0.76	0.2764	1.95	0.4744
0.33	0.1293	0.78	0.2823	2.00	0.4772
0.34	0.1331	0.80	0.2881	2.10	0.4821
0.35	0.1368	0.82	0.2939	2.20	0.4861
0.36	0.1405	0.84	0.2995	2.30	0.4893
0.37	0.1443	0.86	0.3051	2.40	0.4918
0.38	0.1480	0.88	0.3106	2.50	0.4938
0.39	0.1517	0.90	0.3159	2.60	0.4953
0.40	0.1554	0.92	0.3212	2.70	0.4965
0.41	0.1591	0.94	0.3264	2.80	0.4974
0.42	0.1628	0.96	0.3315	2.90	0.4981
0.43	0.1664	0.98	0.3365	3.00	0.49865
0.44	0.1700	1.00	0.3413	3.20	0.49931
0.45	0.1736	1.05	0.3531	3.40	0.49966
0.46	0.1772	1.10	0.3643	3.60	0.499841
0.47	0.1808	1.15	0.3749	3.80	0.499928
0.48	0.1844	1.20	0.3849	4.00	0.499968
0.49	0.1879	1.25	0.3944	4.50	0.499997
0.50	0.1915	1.30	0.4032	5.00	0.49999997
0.52	0.1985	1.35	0.4115	—	—

(3) 估算合格品率或不合格品率。

例 3-3　在无心磨床上磨削销轴外圆，要求外径 $d=\phi 12_{-0.043}^{-0.016}$ mm。抽取一批零件，经实测后计算得到 $\overline{d}=11.974$ mm，已知该机床的 $\sigma=0.005$，其尺寸符合正态分布，试分析该工序的加工质量。工序能力等级见表 3-6。

表 3-6　工序能力等级

工序能力系数	工 序 等 级	说　　明
$C_p>1.67$	特级	工序能力很高，可以允许有异常波动，不一定经济
$1.67\geqslant C_p>1.33$	一级	工序能力足够，可以允许有一定的异常波动
$1.33\geqslant C_p>1.00$	二级	工序能力勉强，必须密切注意
$1.00\geqslant C_p>0.67$	三级	工序能力不足，可能出现少量不合格品
$C_p\leqslant 0.67$	四级	工序能力很差，必须加以改进

解　① 根据所计算的 $\overline{d}$ 及 σ 作分布图，如图 3-11 所示。

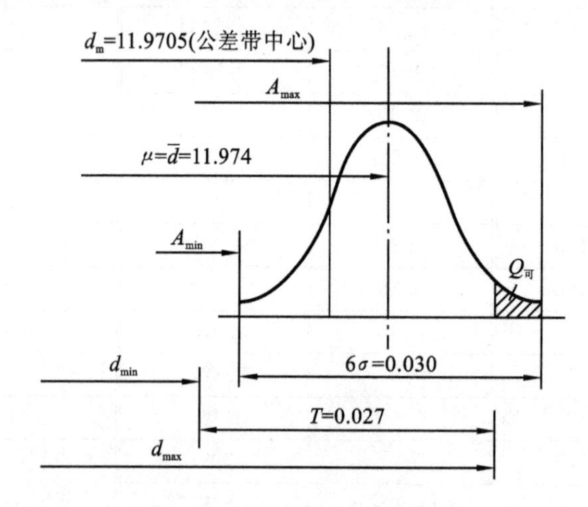

图 3-11　销轴直径尺寸分布图

② 计算工序能力系数。

$$C_p=\frac{T}{6\sigma}=\frac{-0.016-(-0.043)}{6\times 0.005}=0.9<1$$

因此，该工序的工序能力不足，产生不合格品是不可避免的。

③ 计算不合格品率。

要求 $d_{min}=11.957$ mm，$d_{max}=11.984$ mm。对轴类零件，超出公差带上限的不合格品可修复，记为 $Q_{可}$，

$$z_1=\frac{d_{max}-\overline{d}}{\sigma}=\frac{11.984-11.974}{0.005}=2$$

$$Q_{可} = 0.5 - F(-z_1) = 0.5 - 0.4772 = 2.28\%$$

轴类零件超出公差带下限的不合格品不可修复，记为 $Q_{不}$，

$$z_2 = \frac{d_{\min} - \overline{d}}{\sigma} = \frac{11.957 - 11.974}{0.005} = -3.4$$

$$Q_{不} = 0.5 - F(-z_2) = 0.5 - 0.49966 = 0.034\%$$

总的不合格率为

$$Q = Q_{可} + Q_{不} = 0.0228 + 0.00034 = 0.02314 = 2.314\%$$

④ 改进措施。

一是控制分散中心与公差带中心的距离，二是减小分散范围。

本例分散中心 $\overline{d}=11.974$ mm，公差带中心 $d_{m}=11.9705$ mm，若能调整砂轮使之向前进刀(11.974－11.9705)/2 mm，可以减少总的不合格率，但不可修复的不合格率将增大。

3. 点图分析法

分布图分析法的不足：①没有考虑工件加工的先后顺序，故不能反映误差变化的趋势，难以区别变值系统误差与随机误差的影响；②必须等到一批工件加工完毕后才能绘制分布图，因此不能在加工过程中及时提供控制加工误差的资料。

点图分析法的作用：①弥补分布图分析法的不足；②分析工艺过程的稳定性。

常用点图有：单值点图和 $\overline{x}$-R 图。

3.3.6　保证和提高加工精度的途径

1. 误差预防技术

(1) 合理采用先进工艺与设备　这是保证加工精度的最基本方法。

(2) 直接减少原始误差　例如加工细长轴时，因工件刚度极低，容易产生弯曲变形和振动，严重影响加工精度。为了减小因吃刀抗力使工件弯曲变形所产生的加工误差，可采取下列措施。

① 采用反向进给的切削方式，如图 3-12 所示。

② 采用大进给量和较大主偏角的车刀，增大 F_x，工件在强有力的拉伸作用下，具有抑制振动的作用，使切削平稳。

(3) 转移原始误差　把影响加工精度的原始误差转移到不影响或少影响加工精度的方向或其他零部件上去，如图 3-13 所示。

(4) 均分原始误差　解决由于毛坯引起的复映误差太大，而造成本工序加工超差这一问题的有效途径，最好采用分组调整，即均分误差的方法，把毛坯按误差大小分为 n 组，每组毛坯的误差就缩小为原来的 $1/n$，然后按组调整刀具与工件的相对位置进行加工，就可大大缩小整批工件的尺寸分散范围。

(5) 均化原始误差　如三块一组的精密标准平板就是利用三块平板相互对研、配刮的方

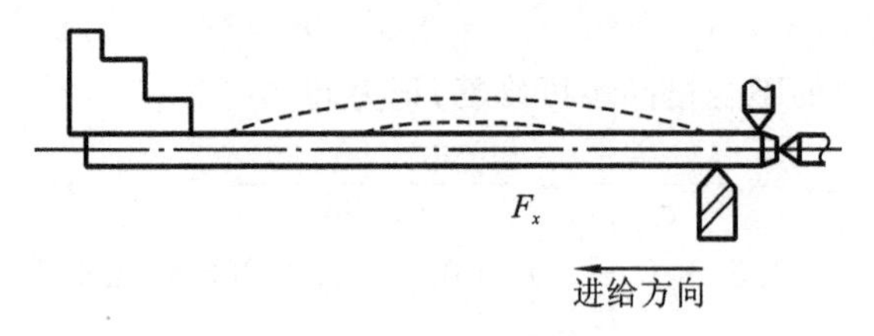

(a) 进给方向从尾座向头架

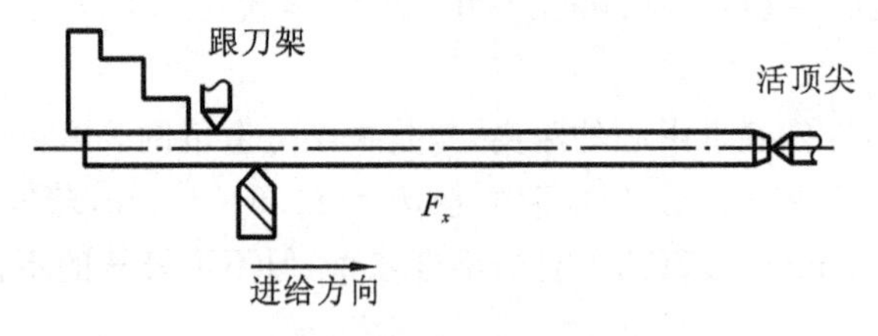

(b) 进给方向从头架向尾座

图 3-12　采用反向进给的切削方式

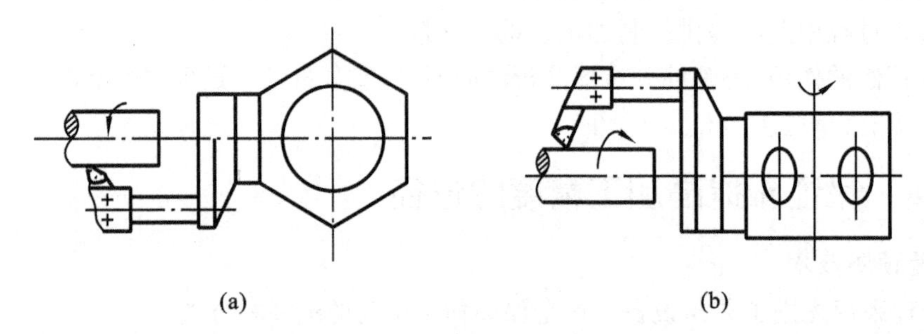

图 3-13　六角车床刀架转位误差的转移

法加工出来的。因为三个表面只有在都是精确平面的条件下才有可能分别两两密合。

(6) 就地加工　即"自干自"的加工方法。如：为了使牛头刨床和龙门刨床的工作台面分别对滑枕和横梁保持平行的位置关系，就在装配后，在自身机床上对工作台面进行"自刨自"加工；平面磨床的工作台面也是在装配后通过"自磨自"最终加工而成。

(7) 控制误差因素　复杂精密零件的加工中，当难以对主要精度参数直接进行在线测量和控制时，可以设法控制起决定性作用的误差因素，将其限制在很小的变动范围之内。精密螺纹磨床的自动恒温控制就是这种控制方式的一个典型例子。

2. 误差补偿技术

误差补偿：人为地制造出一种新的原始误差去抵消当前成为问题的原始误差，并尽量使两者大小相等、方向相反，从而达到减小加工误差、提高加工精度的目的。

误差补偿系统的组成：①补偿信号发生装置，发出与原始误差大小相等的误差补偿信号；

②信号同步装置,保证附加的补偿信号与原始误差信号的相位相反,即相位相差180°;③误差合成装置,实现补偿误差信号与原始误差信号的合成。

1) 静态误差补偿

静态误差补偿是指采用事先设定的误差补偿信号所进行的误差补偿,适合于原始误差具有明确的规律性的情况。

2) 动态误差补偿

动态误差补偿又称为积极控制,常分为在线补偿和偶件自动配磨两种形式。

(1) 在线补偿:在线检测原始误差信号,并根据原始误差信号在线自动给加工系统施加与原始误差信号相位相反的补偿信号,对加工误差进行补偿的一种形式。

(2) 偶件自动配磨:将互配件中已经加工完成的一个零件作为基准件,在另一零件的加工过程中自动测量加工零件的实际尺寸,与基准件的尺寸进行比较,并根据比较的差值控制工艺系统进行加工,一旦差值达到规定的范围,就自动停止加工,从而保证精密偶件间获得很高的配合精度的一种误差补偿形式。

3.3.7　机械加工表面质量

1. 机械加工表面质量概述

加工表面质量是指由一种或几种加工处理方法获得的表面层状况(几何的、物理的、化学的或其他工程性能的),国外文献中常称之为“表面完整性”。

1) 加工表面的一般描述

如图3-14所示,加工表面几何形状可以按相邻两波峰或波谷之间的距离的大小分为表面粗糙度和波纹度。加工过程中工件表面可能发生的变化如下。

(1) 宏观几何形状误差:圆度、圆柱度、直线度、平面度。

(2) 中观(波高/波距为1∶50～1∶1000)周期性几何形状误差:波纹度。

(3) 微观几何形状误差(波高/波距<1∶50):表面粗糙度。

(4) 表层材料性质变化:加工硬化、残余应力、金相组织变化。

2) 加工表面质量的主要内容

(1) 加工表面粗糙度和波纹度。

(2) 加工表面层材料物理、力学性能的变化:加工表面层的加工硬化、残余应力、金相组织变化。

2. 表面质量对零件使用性能的影响

1) 对零件疲劳强度的影响

(1) 表面粗糙度:很容易形成应力集中。对承受交变载荷的零件,减小其上容易产生应力集中部位的表面粗糙度值,可以明显提高零件的疲劳强度。

(2) 加工硬化:适度的加工硬化可使表层金属强化,故能减小交变变形的幅值,阻碍疲劳

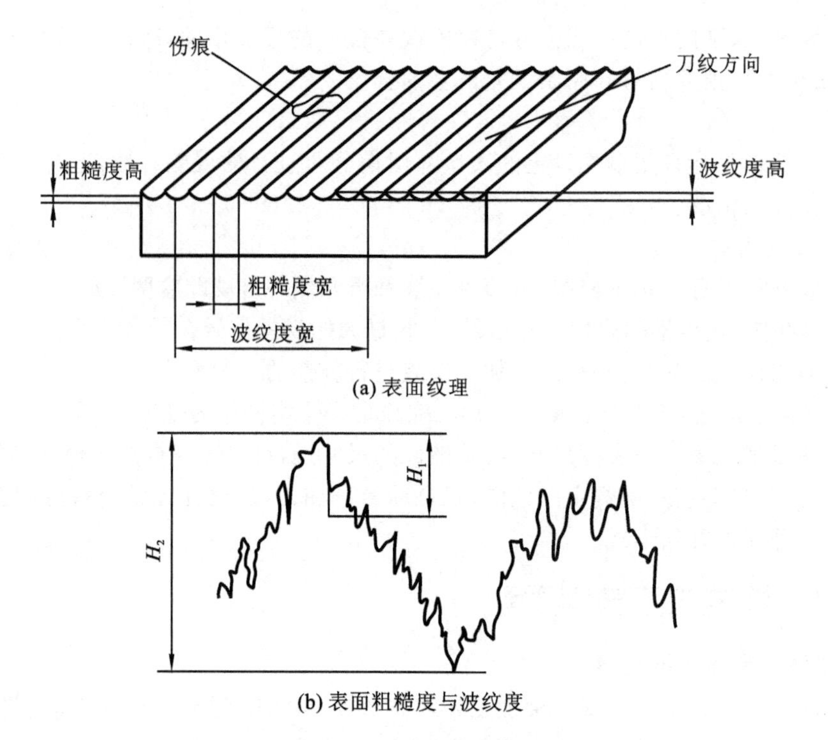

(a) 表面纹理

(b) 表面粗糙度与波纹度

图 3-14 加工表面的几何描述

裂纹的产生和扩展，从而提高疲劳强度。但过高的加工硬化，会使表面脆性增加，可能出现较大的脆性裂纹，反而使疲劳强度降低。

(3) 表面层残余应力：对疲劳强度影响很大。适度的表面层残余压应力可以抵消一部分由交变载荷引起的拉应力，有使裂纹闭合的趋势，能使工件疲劳强度有所提高。残余拉应力则有引起裂纹扩展的趋势，使工件疲劳强度降低。

2) 对耐蚀性能的影响

(1) 表面粗糙度：在粗糙表面的凹谷处容易因积聚腐蚀性介质而发生化学腐蚀，凸峰处可能因产生电化学作用而引起电化学腐蚀。

(2) 表面层残余应力：残余压应力使表面紧密，腐蚀介质不易进入，从而增强耐蚀性；残余拉应力则会降低耐蚀性。

(3) 表面冷作硬化或金相组织变化：引起残余应力而降低耐蚀性。

3) 对配合质量的影响

(1) 表面粗糙度：使配合间隙增大，实际过盈量减小。

(2) 表面层残余应力：可能引起变形，改变零件的形状和尺寸，从而影响配合精度。

4) 对耐磨性的影响

(1) 表面粗糙度：直接影响有效接触面积和压强，以及润滑油的保存状况。

(2) 表面层加工硬化:提高硬度,减小接触区的弹性、塑性变形,使分子亲和力减小,从而减小磨损。但过度硬化时,表面脆性过高,将引起金属组织的“疏松”,甚至会出现疲劳裂纹,使磨损加剧,乃至产生剥落,故加工硬化的硬度也有一个最优值。

(3) 表面层金相组织变化:改变零件材料的原有硬度,影响耐磨性。适度的残余压应力一般使结构紧密,有助于提高耐磨性。

5) 其他影响

(1) 较大的表面粗糙度值:影响液压油缸和滑阀的密封性。

(2) 恰当的表面粗糙度值:提高滑动零件的运动灵活性。

(3) 残余应力:使零件因应力重新分布而逐渐变形。

3. 加工表面粗糙度的影响因素

1) 影响切削加工后表面粗糙度的因素

(1) 几何因素 包括刀具的形状和几何角度,特别是刀尖圆弧半径 r_ε、主偏角 κ_r、副偏角 κ'_r、进给量 f,以及刀刃本身的粗糙度等。

在理想切削条件下,几何因素造成的理论粗糙度的最大高度 R_{max}(车削和刨削)可由几何关系求得,见图 3-15。

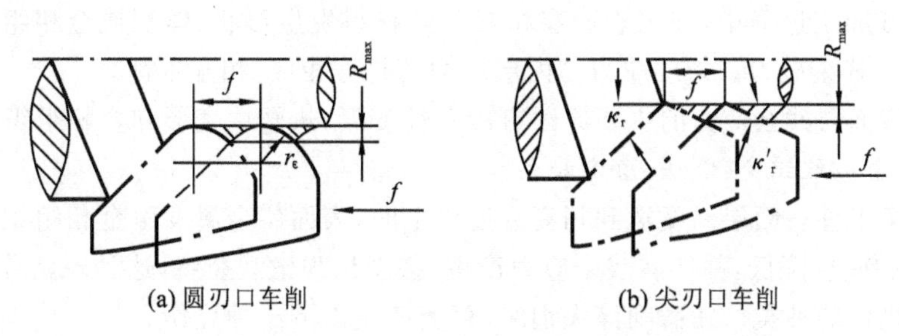

(a) 圆刃口车削 (b) 尖刃口车削

图 3-15 车削时的残留面积高度

若 $r_\varepsilon=0$,$R_{max}=f/(\cot\kappa_r+\cot\kappa'_r)$;

若 $r_\varepsilon\neq0$,$R_{max}\approx f^2/(8r_\varepsilon)$。

(2) 物理因素 积屑瘤、鳞刺、在切削过程中刀具的刃口圆角及后刀面的挤压和摩擦会使刀具前角和切削层厚度发生变化,或者使金属材料产生塑性变形,理论残留断面歪曲,都会使表面粗糙度值增大。

(3) 工艺因素 包括:刀具几何形状、材料、刃磨质量;切削用量;工件材料和润滑冷却情况。

2) 影响磨削加工后表面粗糙度的因素

(1) 砂轮的粒度:粒度号大,表面粗糙度值小。

(2) 砂轮的硬度:过硬、过软都不好。

(3) 砂轮的修整:微刃性、等高性好,则表面粗糙度值小。

(4) 磨削速度:磨削速度高,则表面粗糙度值小。

(5) 磨削径向进给量与光磨次数:进给量小、光磨次数多,表面粗糙度值小。

(6) 工件圆周进给速度与轴向进给量:进给速度与轴向进给量小,表面粗糙度值小。

(7) 工件材料的性质、冷却润滑液的选择和使用等也对表面粗糙度有影响。

4. 表面层物理力学性能的影响因素

1) 加工表面的冷作硬化

(1) 刀具的影响　刀尖圆弧半径增大,对表面层金属的挤压作用增强,塑性变形加剧,导致冷作硬化增强。刀具后刀面磨损增大,后刀面与被加工表面的摩擦加剧,塑性变形增大,导致冷作硬化增强。

(2) 切削用量的影响　切削速度增大,刀具与工件的作用时间缩短,使塑性变形扩展深度减小,冷作硬化层深度减小。切削速度增大后,切削热在工件表面层上的作用时间也缩短了,将使冷作硬化程度增加。进给量增大,切削力也增大,表面层金属的塑性变形加剧,冷作硬化作用加强。

(3) 加工材料的影响　工件材料的塑性越大,冷作硬化现象就越严重。

2) 加工表面层残余应力

(1) 在机械加工过程中,加工表面层相对基体材料发生形状、体积或金相组织变化时,表面层中即会产生残余应力。外层应力与内层应力的符号相反,相互平衡。

(2) 产生表面层残余应力的主要原因有冷塑性变形、热塑性变形和金相组织变化。

3) 表面层金相组织变化——磨削烧伤

(1) 当被磨工件表面层温度达到相变温度以上时,表面层金属发生金相组织的变化,使表面层金属强度和硬度降低,并伴有残余应力产生,甚至出现微观裂纹,这种现象称为磨削烧伤。

(2) 磨削烧伤的种类　在磨削淬火钢时,可能产生以下三种烧伤。

① 回火烧伤:如果磨削区的温度未超过淬火钢的相变温度,但已超过马氏体的转变温度,工件表面层金属的回火马氏体组织将转变成硬度较低的回火组织(索氏体或托氏体)。

② 淬火烧伤:若磨削区温度超过相变温度,加上冷却液急冷作用,则表面层金属二次淬火,其中出现二次淬火马氏体组织,其硬度比原来回火马氏体的高,在它的下层,因冷却较慢,将出现硬度比原先的回火马氏体低的回火组织(索氏体或托氏体)。

③ 退火烧伤:若磨削区温度超过相变温度,而磨削区域又无冷却液进入,表面层金属将产生退火组织,表面硬度急剧下降。

(3) 减轻或避免磨削烧伤的途径　磨削热是造成磨削烧伤的根源,减轻或避免磨削烧伤的途径有以下两种:

① 合理选择磨削用量,正确选择砂轮,尽可能地减少磨削热的产生;

② 改善冷却条件,尽量使产生的热量少传入工件。

5. 提高表面质量的加工方法

1）减小表面粗糙度值的加工方法

(1) 可提高尺寸精度的(超)精密加工方法。

(2) 光整加工方法。

具体包括超精加工、珩磨、研磨和抛光等。

2）改善表面层物理力学性能的加工方法

(1) 机械强化：使表面层产生冷塑性变形，以提高硬度，减小粗糙度值，消除残余拉应力并产生残余压应力。包括滚压加工、金刚石压光、喷丸强化和液体磨料喷射加工等。

(2) 化学热处理：常用渗碳、渗氮或渗铬等方法，使表面层变为密度较小，即比容较大的金相组织，从而产生残余压应力。

3.3.8　机械加工中的振动

机械振动是指工艺系统或系统的某些部分沿直线或曲线并经过其平衡位置的往复运动。

1. 机械振动的基本概念

研究机械振动的根本方法和主要目的，就是以质量、弹性和阻尼为系统的基本参数，分析激振力与振动幅值、相位的关系，以及振动不衰减、系统不稳定的能量界限，并找出抑制振动、使系统稳定的工艺措施。

1）机械振动的类型

(1) 自由振动：由偶然的干扰力引起的振动，对加工的影响不大。

(2) 强迫振动：由外界周期性干扰力所支持的不衰减振动，振动的频率由外界激振力的频率决定。

(3) 自激振动：在外界偶然因素激励下产生的振动，但维持振动的能量来自振动系统本身，并与切削过程密切相关，常称之为“颤振”。

工艺系统的振动大多属于强迫振动和自激振动。

2）单自由度振动的数学描述

不考虑作用在物体上的重力时，单自由度系统的振动方程为

$$m\ddot{x} + kx + c\dot{x} = F_0\cos\omega t \tag{3-1}$$

式中：$m\ddot{x}$ 为惯性力，方向与位移方向一致；kx 为弹簧的恢复力，其数值与物体离开平衡位置的位移量 x 成正比，方向与位移方向相反；$c\dot{x}$ 为黏性阻尼力，其数值与物体的速度 $\dot{x}$ 成正比，方向与位移方向相反；$F_0\cos\omega t$ 为简谐激振力，其方向与位移方向一致，其中，F_0 为激振力的幅值，ω 为激振力的角频率。

式(3-1)所表示的微分方程的通解为

$$x = Ae^{-\delta t}\cos(\omega_d t + A\cos(\omega t - \phi)) \tag{3-2}$$

式中：A 为振动的振幅；δ 为衰减系数，$\delta = c/(2m)$；ω_d 为黏性阻尼振动的固有角频率，$\omega_d =$

$\sqrt{\omega_0^2-\delta^2}$（式中，$\omega_0=\sqrt{k/m}$为无阻尼自由振动的固有角频率）；$\phi$ 为强迫振动的位移与激振力在时间上滞后的相位差。

式(3-2)中的第二部分称为黏性阻尼强迫振动的稳态解，求出其一阶导数和二阶导数并代入式(3-1)中可求出 A 和 ϕ 的值，即

$$A=\frac{F_0}{k}\frac{1}{\sqrt{(1-\lambda^2)^2+4D^2\lambda^2}} \tag{3-3}$$

$$\phi=\arctan\frac{2D\lambda}{\sqrt{1-\lambda^2}} \tag{3-4}$$

式中：λ 是激振频率与系统固有角频率之比，称为频率比，$\lambda=\omega/\bar{\omega}_0$；$F_0/k$ 是系统在静力作用下的位移，称为静位移，常记作 $x_0=F_0/k$；D 是衰减系数与系统固有角频率之比，称为阻尼比或相对阻尼比，$D=\delta/\bar{\omega}_0$。

式(3-3)、式(3-4)分别表示了系统的幅-频特性和相-频特性。

2. 强迫振动

1）强迫振动的振源

当机床不运转时，由外部通过地基传来的周期性的、非周期性的干扰力可以称为振源。

当机床空运转时，高速回转零件的不平衡，可称为主要振源。

只有在加工过程中才表现出来的强迫振动，振源来自于工件加工余量、刚度、硬度等方面的变化。

强迫振动最本质的特征是其频率等于激振力的频率。

2）抑制强迫振动的途径

(1) 抑制激振力的峰值；

(2) 改变激振力的频率，以使频率比 λ 的值远离 1，避免共振现象的发生；

(3) 隔振；

(4) 提高工艺系统的刚度和阻尼；

(5) 采用减振装置。

3. 自激振动

1）自激振动的特点

自激振动的振动频率接近或略高于工艺系统的低频振型固有频率，这是自激振动区分于强迫振动的最本质特点。

2）关于自激振动的理论

(1) 再生自激振动原理；

(2) 振型耦合自激振动原理。

3）抑制自激振动的措施

(1) 由于自激振动也是机械振动，所以前述关于抑制强迫振动的基本方法也适用于抑制

自激振动。

(2) 合理选择切削用量。包括:选择避开容易产生自激振动的切削速度范围的切削速度v;在机床参数和其他方面要求许可时,适当加大进给量f;适当减小背吃刀量a_p,或者在采用较大的背吃刀量a_p的时候适当加大进给量f。

(3) 合理选择刀具几何参数。在中速切削时,适当加大或减小刀具前角γ,避开容易产生振动的前角取值范围;适当加大主偏角κ_r;后角α_0可取小值,但不宜过小。

(4) 合理选择刀具结构及安装方式,以避开容易造成自激振动的系统刚度比,改变动态力与切削速度的关系以及对变形的影响,抑制自激振动的发生。

(5) 采用各种减振装置,比如摩擦式减振器、冲击式减振器等。

3.4 自 测 题

3-1 车床床身导轨在垂直面内以及水平面内的直线度对车削圆轴类零件的加工误差有什么影响?影响程度各有什么不同?

3-2 试分析在转塔车床上将车刀垂直安装加工外圆(见图3-16)时,影响直径误差的因素中,导轨在垂直面内和水平面内的弯曲,哪个影响大?与卧式车床比较有什么不同?为什么?

3-3 已知一工艺系统的误差复映系数为0.25,工件在本工序前有椭圆度误差0.45 mm,若本工序规定的形状精度允差为0.01 mm,问至少走几刀方能使形状精度合格。

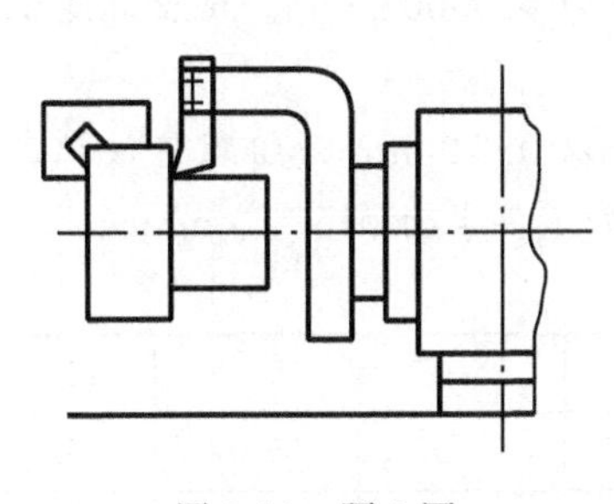

图3-16 题2图

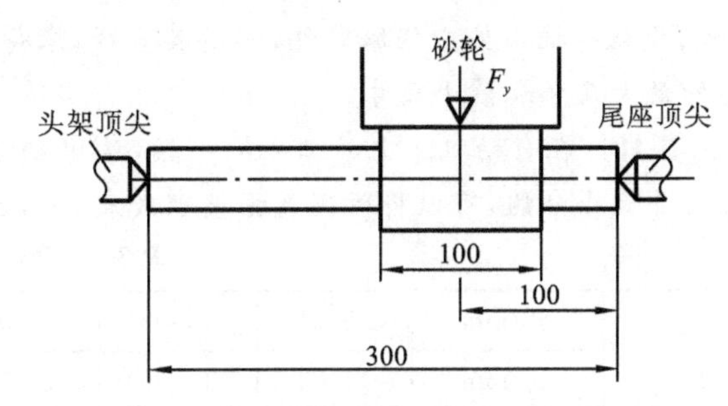

图3-17 题4图

3-4 如图3-17所示,横磨工件时,设横向磨削力F_y=100 N,主轴箱刚度k_{tj}=50 000 N/mm,尾座刚度k_{wz}=40 000 N/mm,加工工件尺寸如图所示,求加工后工件的锥度。

3-5 某车床各部件刚度为k_{tj}=80 000 N/mm,k_{wz}=60 000 N/mm,k_{dj}=50 000 N/mm,加工短粗工件外圆,若切削力F_y=420 N,试求工件加工后的形状误差和尺寸误差。

3-6 在车床上加工一批光轴的外圆,加工后经测量发现整批工件有如图3-18所示的几何形状误差,试分别说明可能产生图3-18(a)至图3-18(d)所示误差的各种因素。

3-7 用车床车削一批小轴,经测量发现,实际尺寸大于公差要求的最大极限尺寸,从而需

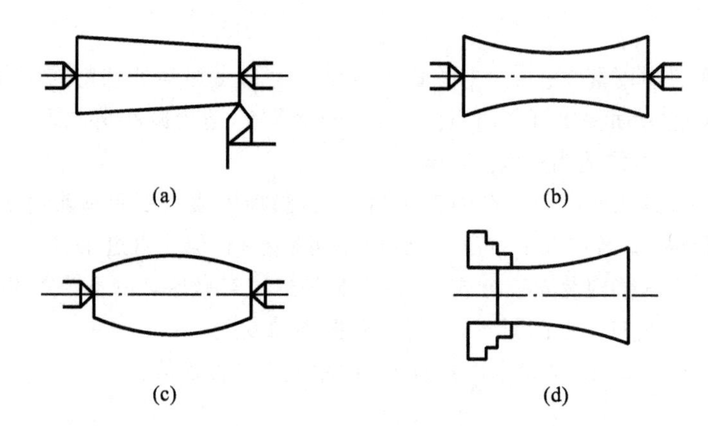

图 3-18　题 6 图

要返修的小轴占总数的 24.2%，小于要求的最小极限尺寸且不能返修的小轴占总数的 1.79%。若小轴的直径公差 $T=0.14$ mm，整批工件直径服从正态分布，试确定该工序加工的小轴直径的均方差 σ、工序能力系数 C_p 及车刀位置调整误差 δ。

3-8　车削一批轴的外圆，其实际尺寸要求为 $\phi25\pm0.05$ mm，已知此工序的加工误差分布曲线是正态分布，其标准差 $\sigma=0.025$ mm，曲线的峰值偏于公差带中点左侧 0.03 mm。请问：零件的合格率和废品率各是多少？怎样调整工艺系统可使不合格品率降低？

3-9　在无心磨床上用贯穿法磨削加工 $\phi20$ mm 的小轴，已知该工序的标准差 $\sigma=0.003$ mm，现从一批工件中任取 5 件，测量其直径，求得算术平均值为 $\phi20.008$ mm。试估算这批工件的最大尺寸和最小尺寸。

3-10　在自动机床上加工一批小轴，从中抽检 200 件，若以 0.01 mm 为组距将该批工件按尺寸大小分组，可以将所测数据整理成表 3-7，已知小轴的加工要求为 $\phi15^{+0.14}_{-0.06}$ mm。

表 3-7　测试数据表

尺寸间隔	自/mm	15.01	15.02	15.03	15.04	15.05	15.06	15.07
	到/mm	15.02	15.03	15.04	15.05	15.06	15.07	15.08
零件数 n_i		2	4	5	7	10	20	28
尺寸间隔	自/mm	15.08	15.09	15.10	15.11	15.12	15.13	15.14
	到/mm	15.09	15.10	15.11	15.12	15.13	15.14	15.15
零件数 n_i		58	26	18	8	6	5	3

(1) 绘制整批工件尺寸的实际分布图；

(2) 计算合格率及废品率；

(3) 计算工艺能力系数；

(4) 分析出现废品的原因，并提出改进办法。

3-11　高速精镗一钢件内孔时，车刀主偏角 $\kappa_r=45°$、副偏角 $\kappa'_r=20°$，加工表面粗糙度要求为 $Ra3.2\sim6.3\ \mu m$ 时。

(1) 当不考虑工件材料塑性变形对表面粗糙度的影响时，计算应采用的进给量 f。

(2) 分析实际加工的表面粗糙度与计算求得的是否相同，为什么？

(3) 是否进给量越小，加工表面的粗糙度值就越小？

3-12　什么是回火烧伤、淬火烧伤和退火烧伤？

3-13　在机械加工中，为什么工件表面层金属会产生残余应力？磨削加工表面层产生残余应力的原因和切削加工产生残余应力的原因是否相同，为什么？

第4章 机械加工工艺规程的制定

4.1 主要内容

机械加工工艺规程的基本概念;零件的结构工艺性概念及其分析;定位基准的影响及其选择原则;工艺路线的拟订;机床加工工序的设计;工艺过程的生产率与技术经济分析;工艺尺寸链;箱体类零件的加工工艺分析;成组技术;计算机辅助机械加工工艺规程设计;装配工艺规程设计。

4.2 学习要求

4.2.1 学习要求

(1) 掌握机械加工工艺过程、机械加工工艺规程、生产类型、生产纲领、零件的结构工艺性、加工经济精度、加工余量、时间定额、尺寸链、成组技术、装配方法等概念。

(2) 了解机械加工工艺规程的种类和作用,制定原则、方法和步骤,掌握分析机械零件结构工艺性的方法,选择零件粗基准和精基准的原则,选择表面加工方法时应考虑的主要因素,划分加工阶段的作用,排列切削加工工序的原则,对机械加工工艺过程进行技术经济分析的方法,工艺尺寸链和装配尺寸链的建立与解算方法等。

(3) 培养并基本具备制定中等复杂程度机械零件机械加工工艺规程的能力。

4.2.2 学习重点与难点

(1) 有关基本概念的理解。

(2) 机械零件结构工艺性的分析,机械加工工艺规程有关原则的制定,机械加工工艺方法等的理解与应用。

(3) 工艺尺寸链的建立、封闭环的判断和尺寸链的解算,图解追踪法的掌握;装配尺寸链的解算。

4.3　要点归纳

4.3.1　概述

(1) 生产过程:将原材料转变为成品的全过程。

(2) 机械加工工艺过程:采用机械加工方法(切削或磨削)直接改变毛坯的形状、尺寸、相对位置与性质等,使其成为零件的工艺过程。

(3) 组成机械加工工艺过程的基本单元是工序。工序又是由安装、工位、工步及走刀组成的。

(4) 工序:一个或一组工人,在一个工作地对同一个或同时对几个工件所连续完成的那一部分工艺过程。

工作地、工人、零件和连续作业是构成工序的四个要素,其中任一要素的变更就构成新的工序。

(5) 安装:工件经一次装夹后所完成的那一部分工序。

(6) 工位:当应用转位(或移位)加工的机床(或夹具)进行加工时,在一次装夹中,工件(或刀具)相对于机床要经过几个位置依次进行加工,在每一个工作位置上所完成的那一部分工序。

(7) 工步:在加工表面、切削刀具和切削用量(仅指主轴转速和进给量)都不变的情况下所完成的那一部分工艺过程。

(8) 复合工步:有时为了提高生产率,把几个待加工表面用几把刀具同时加工,这也可看作一个工步,称为复合工步。

(9) 走刀:在一个工步中,如果要切掉的金属层很厚,可分几次切削,每切削一次就称为一次走刀。

(10) 工艺规程:规定产品或零部件制造过程和操作方法等的工艺文件,它是企业生产中的指导性技术文件。

(11) 机械加工工艺规程的种类:机械加工工艺过程卡片(见图4-1),机械加工工序卡片(见图4-2),检验工序卡片,自动、半自动机床的调整卡片。

(12) 机械加工工艺规程的主要作用:

① 机械加工工艺规程是生产准备工作的主要依据;

② 机械加工工艺规程也是组织生产、进行计划调度的依据;

③ 机械加工工艺规程是新建工厂(或车间)的基本技术文件。

(13) 制定机械加工工艺规程的原始资料:

① 产品的全套技术文件;

<table>
<tr><td colspan="8"></td><td>文件编号</td><td></td></tr>
<tr><td rowspan="2">(厂名全称)</td><td rowspan="2" colspan="2">机械加工工艺过程卡片</td><td>产品型号</td><td></td><td>零(部)件图号</td><td></td><td>共　页</td></tr>
<tr><td>产品名称</td><td></td><td>零(部)件名称</td><td></td><td>第　页</td></tr>
<tr><td>材料牌号</td><td></td><td>毛坯种类</td><td></td><td>毛坯外形尺寸</td><td></td><td>每坯件数</td><td></td><td>每台件数</td><td></td><td>备注</td><td></td></tr>
<tr><td></td><td rowspan="2">工序号</td><td rowspan="2">工序名称</td><td rowspan="2">工 序 内 容</td><td rowspan="2">车间</td><td rowspan="2">工段</td><td rowspan="2">设备</td><td rowspan="2">工 艺 装 备</td><td colspan="2">工序时间</td></tr>
<tr><td></td><td>准终</td><td>单件</td></tr>
<tr><td></td><td></td><td></td><td></td><td></td><td></td><td></td><td></td><td></td><td></td></tr>
<tr><td>描图</td><td></td><td></td><td></td><td></td><td></td><td></td><td></td><td></td><td></td></tr>
<tr><td>描校</td><td></td><td></td><td></td><td></td><td></td><td></td><td></td><td></td><td></td></tr>
<tr><td>底图号</td><td></td><td></td><td></td><td></td><td></td><td></td><td></td><td></td><td></td></tr>
<tr><td>装订号</td><td></td><td></td><td></td><td></td><td></td><td></td><td></td><td></td><td></td></tr>
</table>

<table>
<tr><td>*</td><td>a</td><td>①</td><td></td><td></td><td></td><td></td><td></td><td></td><td></td><td></td><td>编制
(日期)</td><td>审核
(日期)</td><td>会签
(日期)</td><td>*</td><td>*</td></tr>
<tr><td></td><td>标记</td><td>处数</td><td>更改文件号</td><td>签字</td><td>日期</td><td>标记</td><td>处数</td><td>更改文件号</td><td>签字</td><td>日期</td><td></td><td></td><td></td><td></td><td></td></tr>
</table>

*空格可根据需要填写。

图 4-1　机械加工工艺过程卡片

② 毛坯图及毛坯制造方法；

③ 本厂(车间)的生产条件；

④ 各种技术资料(手册、标准等)。

(14) 制定机械加工工艺规程的原则：在一定的生产条件下，按照资源节约、环境友好原则，以最少的劳动消耗和最低的费用，按计划规定的进度，可靠地加工出符合图样上所提出的各项技术要求的零件。

(15) 制定零件机械加工工艺规程的步骤：

① 分析加工零件的工艺性；

② 根据零件的生产纲领决定生产类型；

					文件编号		
(厂名全称)	机械加工工序卡片	产品型号		零(部)件图号			共　页
		产品名称		零(部)件名称			第　页

(工序简图)	车间	工序号	工序名称	材料牌号	
	毛坯种类	毛坯外形尺寸	每坯件数	每台件数	
	设备名称	设备型号	设备编号	同时加工件数	
	夹具编号		夹具名称	冷却液	
				工序时间	
				准终	单件

	工步号	工 步 内 容	工 艺 装 备	主轴转速/(r/min)	切削速度/(m/min)	进给量/(mm/r)	背吃刀量/mm	走刀次数	工时定额	
描图										
描校										
底图号										
装订号										

*										编制(日期)	审核(日期)	会签(日期)	*	*
	a	①												
	标记	处数	更改文件号	签字	日期	标记	处数	更改文件号	签字	日期				

* 空格可根据需要填写。

图 4-2　机械加工工序卡片

③ 选择毛坯的种类和制造方法；

④ 拟订工艺过程；

⑤ 工序设计；

⑥ 编制工艺文件。

(16) 生产纲领：企业在计划期内应当生产的产品产量和进度计划。

零件在计划期为一年的生产纲领 N 可按下式计算：

$$N = Qn(1 + a\%)(1 + b\%)\text{(件/年)}$$

式中：Q 为产品的年产量(台/年)；n 为每台产品中该零件的数量(件/台)；$a\%$ 为备品的百分率；$b\%$ 为废品的百分率。

(17) 生产类型：企业(或车间、工段、班组、工作地)生产专业化程度的分类。

(18) 大量生产：产品的数量很大，大多数工作地点长期进行某一零件的某一道工序的加工。

(19) 成批生产：成批生产的主要特征是工作的加工对象周期性地进行轮换。可分为小批生产、中批生产和大批生产。

(20) 单件生产：产品的种类多而同一产品的产量很小，工作地点的加工对象完全不重复或很少重复。

生产类型的划分主要取决于生产纲领，即年产量。

4.3.2 零件的工艺性分析

1. 分析和审查产品的装配图和零件图

(1) 分析研究产品的装配图和零件图。

(2) 熟悉该产品的用途、性能及工作条件。

(3) 明确被加工零件在产品中的位置与作用。

(4) 了解各项技术要求制定的依据。

(5) 在此基础上，审查图样的完整性和正确性。

2. 分析零件的结构工艺性(见图 4-3)

(1) 零件的结构工艺性　零件的结构工艺性是指所设计的零件在能满足使用要求的前提下，制造的可行性和经济性。零件的结构是要根据其用途和使用要求来进行设计的。但是在结构上是否完善合理，还要看它是否符合工艺方面的要求，即在保证产品使用性能的前提下，是否能用生产率高、劳动量少、材料消耗省和生产成本低的方法制造出来。

(2) 结构工艺性是一个相对概念　不同生产规模或具有不同生产条件的工厂，对产品结构工艺性的要求不同。例如，某些单件生产的产品结构，如要扩大产量，改为按流水生产线来加工可能就很困难，若按自动线加工则困难更大，甚至不可能；又如，同样是单件小批生产的工厂，若分别以数控机床和万能机床为主，由于二者在制造能力上差异很大，因而对零件结构工艺性的要求就有很大的不同。

(3) 判别零件结构工艺性好坏的方法。

① 应尽量采用标准化参数。

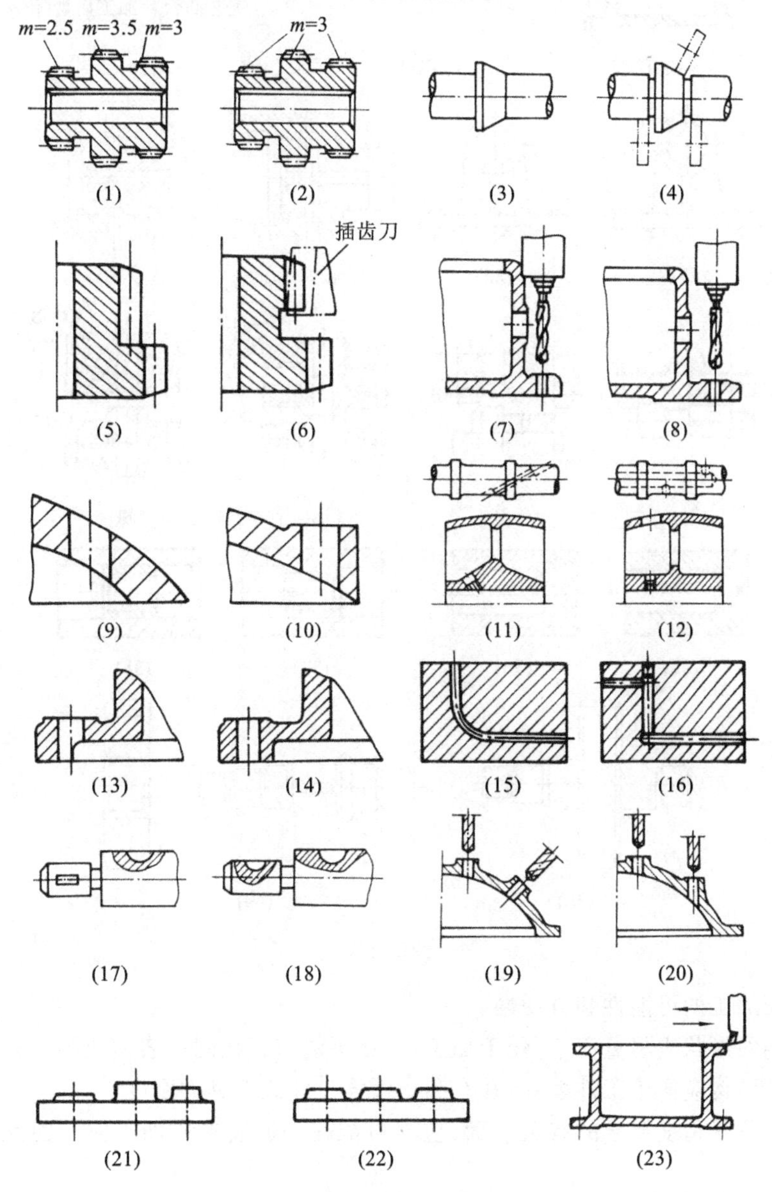

图 4-3　零件结构工艺性分析

注：单数图所示零件结构工艺性不好，双数图所示零件结构工艺性好。

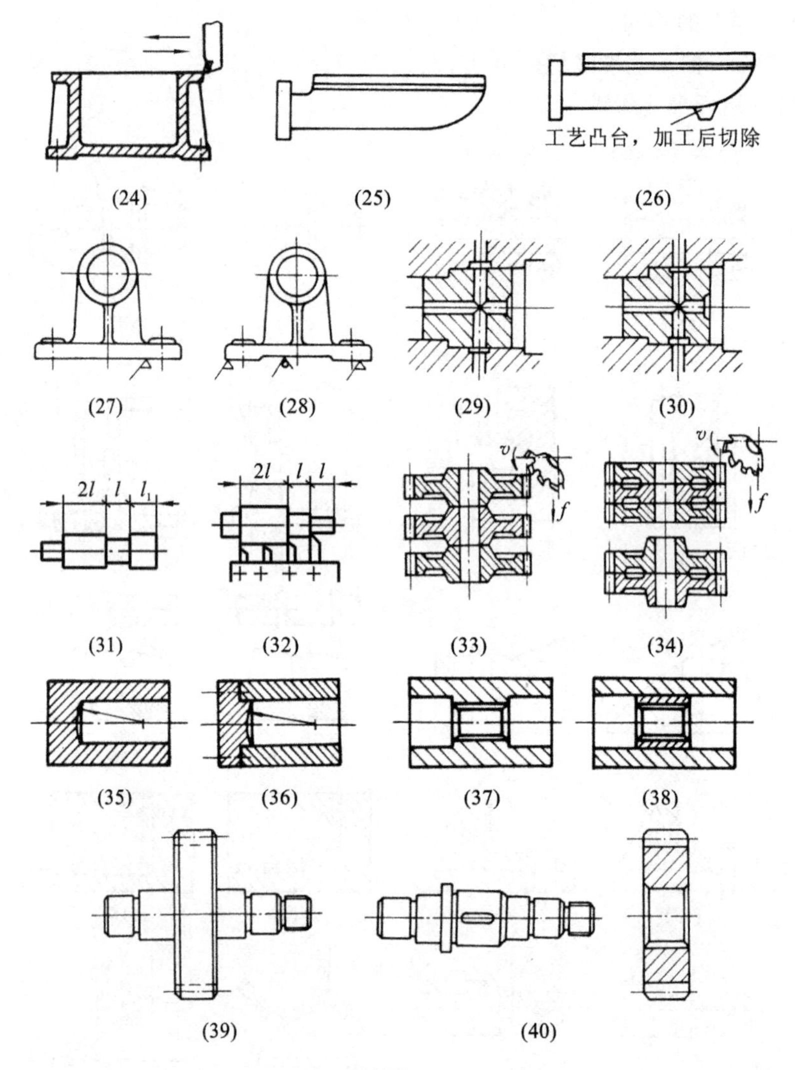

续图 4-3

② 要保证加工的可能性和方便性。

③ 加工表面形状应尽量简单，便于加工，并尽可能布置在同一表面或同一轴线上。

④ 零件的结构应便于工件装夹，并有利于增强工件或刀具的刚度。

⑤ 有相互位置精度要求的有关表面，应尽可能在一次装夹中加工完。因此，要求有合适的定位基面。

⑥ 应尽可能减轻零件质量，减小加工表面面积，并尽量减少内表面加工。

⑦ 零件的结构尽可能有利于提高生产效率。

⑧ 合理地采用零件的组合，以便于零件的加工。

⑨ 在满足零件使用性能的条件下，零件的尺寸、形状、相互位置精度与表面粗糙度的要求应经济合理。

⑩ 零件尺寸的标注应考虑最短尺寸链原则、设计基准的正确选择以及符合基准重合原则，使得加工、测量、装配方便。

⑪ 零件的结构应与先进的加工工艺方法相适应。

4.3.3　定位基准的选择

1. 粗基准的选择

1）选择不同粗基准的影响（见图 4-4）

（1）不加工表面与加工表面间的相互位置精度。

（2）加工表面的余量分配。

（3）夹具结构。

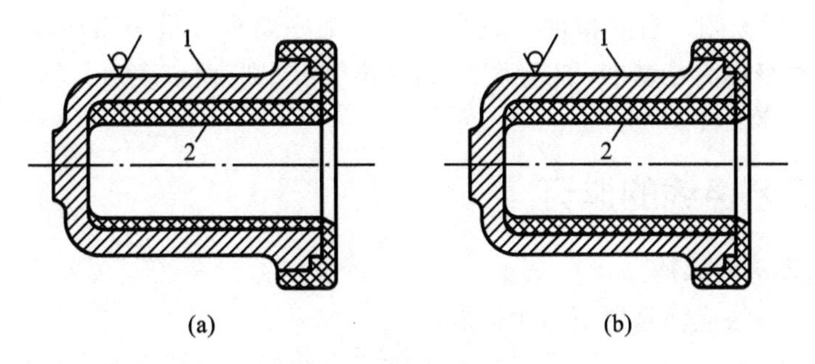

图 4-4　粗基准的选择

1—外圆；2—内孔

2）选择粗基准的基本原则

（1）合理分配加工余量的原则　若工件必须首先保证某重要表面的加工余量均匀，则应选择该表面为粗基准；在没有要求保证重要表面加工余量均匀的情况下，若零件上每个表面都要加工，则应该以加工余量最小的表面作为粗基准。

（2）保证零件加工表面相对于不加工表面具有一定位置精度的原则　在与上项相同的前提条件下，若零件上有的表面不需加工，则应以不加工表面中与加工表面的位置精度要求较高的表面为粗基准，以达到壁厚均匀、外形对称等要求。

（3）便于装夹原则　选为粗基准的表面应尽量平整光洁，不应有飞边、浇口、冒口或其他缺陷，这样可减小定位误差，并能保证零件夹紧可靠。

（4）粗基准一般不得重复使用原则　粗基准一般只使用一次。如果工件的精度要求不高，才可以重复使用某一粗基准。

2. 精基准的选择

1）选择精基准要考虑的主要问题

（1）如何保证零件的加工精度，特别是加工表面之间的相互位置精度。

（2）如何保证装夹的方便性，并使夹具结构尽可能简单。

2）选择精基准的原则

（1）“基准重合”原则　应尽量选用设计基准和工序基准作为定位基准，这就是基准重合原则。如果加工的是最终工序，所选择的定位基准应与设计基准重合；若是中间工序，应尽可能采用工序基准作为定位基准，以消除基准不重合误差。

（2）“基准统一”原则　应尽可能选择加工工件多个表面时都能使用的定位基准作为精基准，即遵循“基准统一”的原则。这样便于保证各加工面间的相互位置精度，避免基准变换所产生的误差，并简化夹具的设计和制造。

（3）“互为基准”原则　当两个表面相互位置精度以及它们自身的尺寸与形状精度都要求很高时，可以采取“互为基准”的原则，反复多次进行精加工。

（4）“自为基准”原则　有些精加工或光整加工工序要求余量小而均匀，在加工时就应尽量选择加工表面本身作为精基准，即遵循“自为基准”的原则，而该表面与其他表面之间的位置精度则由先行的工序保证。

4.3.4　工艺路线的拟订

1. 表面加工方法的选择

选择表面加工方法应注意以下六个问题。

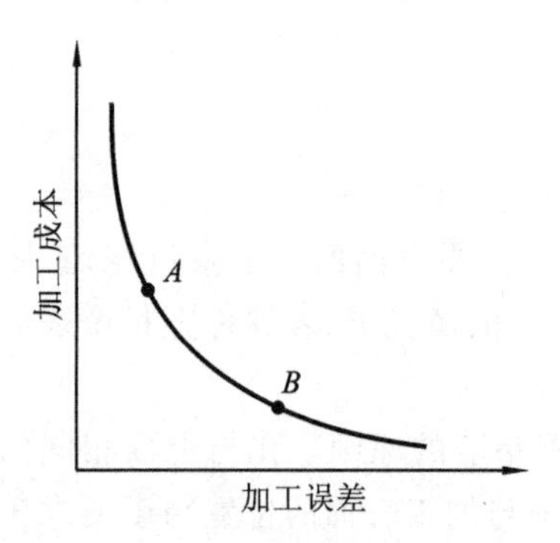

图 4-5　加工成本与加工误差的关系

（1）加工方法的经济精度及表面粗糙度。

加工经济精度是在正常加工条件下（使用符合质量标准的设备、工艺装备和标准技术等级的工人，不延长加工时间）所能保证的加工精度，如图 4-5 所示。

（2）零件材料的可加工性。

比如，非铁金属材料的精加工一般不采用磨削，而采用切削方法；而淬火钢、耐热钢因硬度高，很难切削，最好采用磨削方法加工。

（3）零件的生产类型。

大批量生产时，用拉削、半自动液压仿形车床加工，用组合铣或组合磨方法同时加工几个表面等；单件小批量生产时，一般多采用通用机床和常规加工方法。

（4）工件的形状和尺寸。

（5）对环境的影响。

为了保持人类的可持续发展，应尽量采用绿色制造工艺、净洁加工（少用或不用切削液）和生态工艺方法。实践表明，产品的加工方法不同，物料和能源的消耗将不一样，对环境的影响也不相同。绿色制造工艺就是物料和能源消耗少、废物的产生量和毒性小、对环境污染小的制造工艺。生态工艺是指排放的废物对自然界无害或者容易被微生物、动物和植物所分解，因此是对环境没有污染的加工工艺。

（6）现有生产条件。

典型表面所采用的典型工艺路线如图4-6、图4-7和图4-8所示，可供选择表面加工方法时参考。

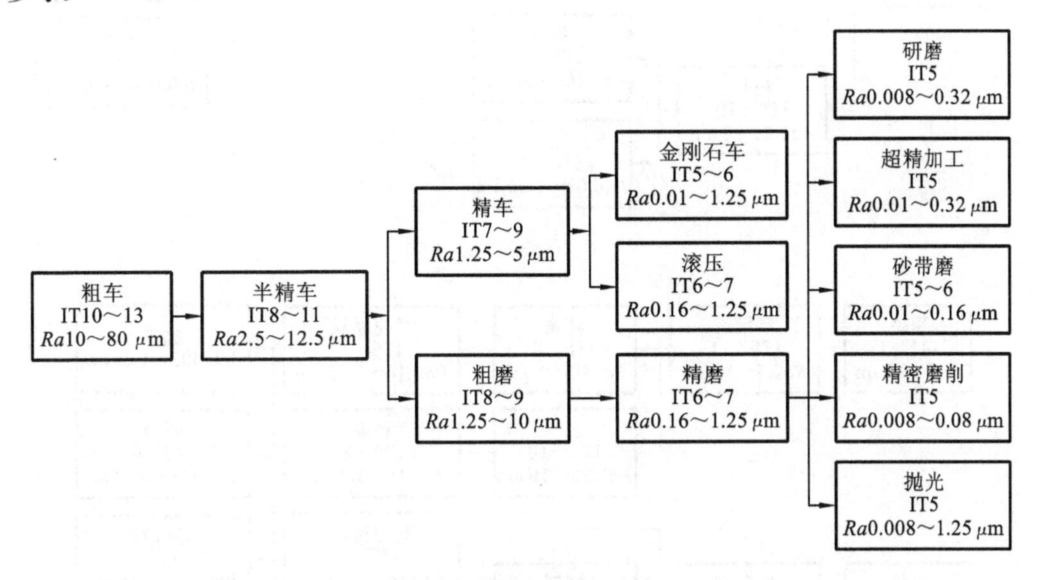

图4-6　外圆表面加工方案

2. 加工阶段的划分

一个精度较高、比较复杂的机械零件的加工工艺过程通常可根据主要表面的加工划分为以下几个阶段：

（1）粗加工阶段；

（2）半精加工阶段；

（3）精加工阶段；

（4）光整加工阶段。

划分加工阶段能减少或消除内应力、切削力和切削热对精加工的影响，保证加工质量；有利于及早发现毛坯缺陷并得到及时处理；便于安排热处理；可合理使用机床；表面精加工安排在最后，可避免或减少在夹紧和运输过程中损伤已精加工过的表面。

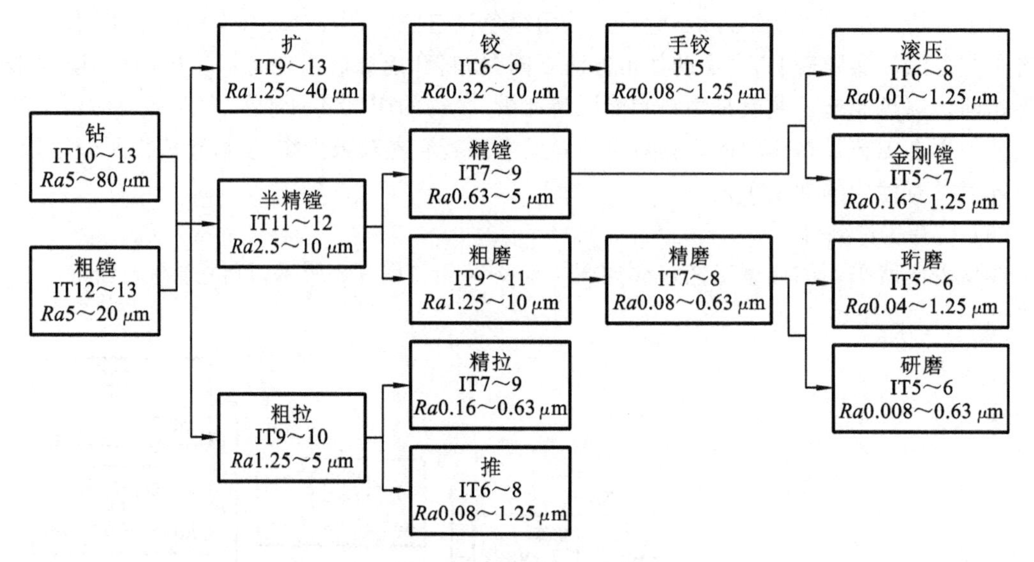

图 4-7　孔表面加工方案

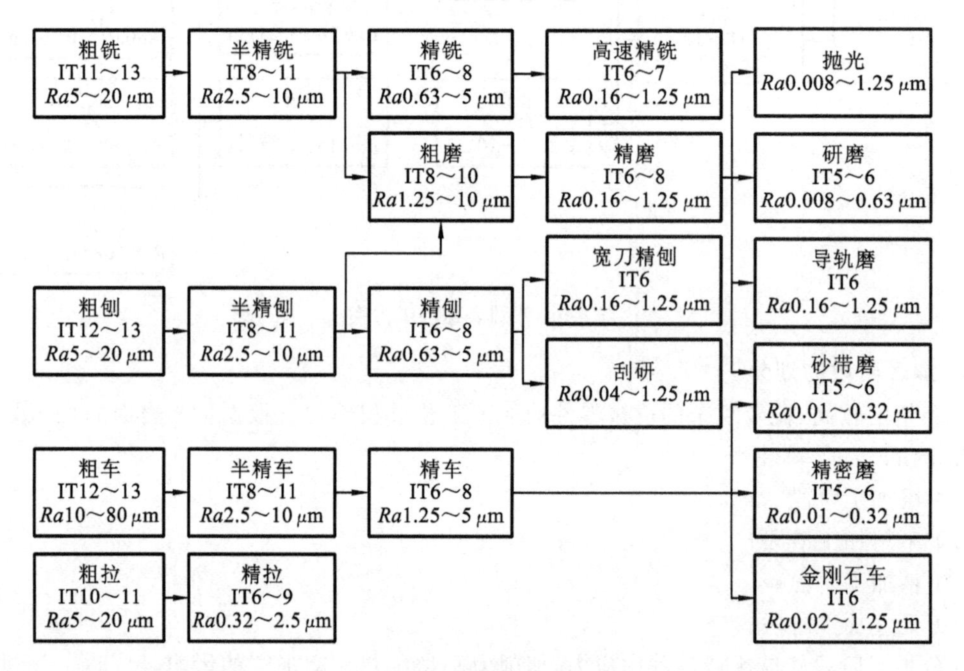

图 4-8　平面加工方案

3. 组合工序

选定了加工方法和划分了加工阶段后，就要确定工序的数目，即工序的集中与分散问题。

(1) 工序集中：如果在每道工序中所安排的加工内容多，则一个零件的加工将集中在少数几道工序里完成，这时工艺路线短，工序少。

(2) 工序分散：若在每道工序中所安排的加工内容少，则一个零件的加工就分散在很多工序里完成，这时工艺路线长，工序多。

(3) 工序集中的特点：

① 采用高效率专用设备和工艺装备，可提高生产率，减少机床数量和生产占地面积；

② 可减少工件的装夹次数；

③ 可减少工序数目，缩短工艺路线，简化生产计划和组织工作；

④ 专用设备和工艺装备较复杂，生产准备周期长，更换产品较复杂。

(4) 工序分散的特点：

① 设备和工艺装备比较简单，调整比较容易；

② 工艺路线长，设备和工人数量多，生产占地面积大；

③ 可采用最合理的切削用量，减少基本时间；

④ 容易变换产品。

4. 加工路线的拟订

1) 切削加工工序顺序的排列

一个零件有许多表面要加工，各表面机械加工顺序的安排应遵循如下原则：

(1) 基准先行，即先基准面，后其他面；

(2) 先主后次，即先主要表面，后次要表面；

(3) 先面后孔，即先主要平面，后主要孔；

(4) 先粗后精，即先安排粗加工工序，后安排精加工工序。

2) 热处理工序的安排

(1) 预备热处理多安排在机械加工之前进行；

(2) 最终热处理通常安排在半精加工之后和磨削加工之前；

(3) 时效处理根据情况安排。精度要求一般的铸件，只需进行一次时效处理，安排在粗加工之后较好；精度要求较高的铸件，则应在半精加工之后安排第二次时效处理；精度要求很高的精密丝杠、主轴等零件，则在不同的加工阶段安排多次时效处理。

(4) 表面处理一般安排在工艺过程的最后进行。

3) 检验工序和辅助工序的安排

检验工序：①零件从一个车间送往另外一个车间的前后；②零件粗加工阶段结束之后；③重要工序的前后；④零件全部加工结束之后。

辅助工序根据其作用进行安排，零件装配前应该安排去毛刺、倒棱、去磁以及清洗等辅助工序。

4.3.5 机床加工工序的设计

1. 加工余量的确定

1）加工余量的概念

(1) 加工余量：使加工表面达到所需的精度和表面质量而应切除的金属表层。加工余量分为工序余量和加工总余量两种。

① 工序余量：相邻两工序的工序尺寸之差，也就是在一道工序中所切除的金属层厚度。按加工表面形状的不同，工序余量又分为单边余量和双边余量。平面加工属于单边余量；外圆、内孔等回转体表面加工属双边余量。

② 加工总余量(亦称毛坯余量)：零件从毛坯变为成品的整个加工过程中，某一表面切除的金属总厚度，即毛坯尺寸与零件图设计尺寸之差。

(2) 公称余量：如果相邻两工序的工序尺寸都是基本尺寸，则得到的加工余量就是工序的公称余量。

(3) 入体原则：工序尺寸的公差一般按"入体原则"标注，对于被包容面(轴)，最大工序尺寸就是基本尺寸，取上偏差为零；而对于包容面(孔)，最小工序尺寸就是基本尺寸，取下偏差为零。

2）影响加工余量的因素

(1) 加工表面上的表面粗糙层的厚度 H_{1a} 和表面缺陷层的深度 H_{2a}。

(2) 加工前或上道工序的尺寸公差 T_a。

(3) 加工前或上道工序各表面间相互位置的空间偏差 ρ_a。

(4) 本工序加工时的装夹误差 ε_b。

3）加工余量的确定

(1) 分析计算法确定加工余量：实际生产中应用不广。

加工外圆和孔：

$$2Z_b = T_a + 2(H_{1a} + H_{2a}) + 2 \mid \rho_a + \varepsilon_b \mid$$

加工平面：

$$Z_b = T_a + (H_{1a} + H_{2a}) + \mid \rho_a + \varepsilon_b \mid$$

(2) 经验估计法确定加工余量：用于单件小批量生产。

(3) 查表修正法：生产中应用广泛。

2. 工序尺寸与公差的确定

(1) 工序尺寸的计算：根据零件图上的设计尺寸和已确定的各工序的加工余量及定位基准的转换关系来进行。

(2) 工序尺寸公差：根据各工序加工方法的经济精度选定。

(3) 具体的步骤如下：

① 拟订该加工表面的工艺路线，确定工序及工步；

② 按工序用分析计算法或查表法求出其加工余量；

③ 按工序确定其加工经济精度和表面粗糙度；

④ 确定各工序的工序尺寸及公差。

具体参见“4.3.7 工艺尺寸链”。

3. 机床设备及工艺装备的选择

选择机床设备及工艺装备应遵循以下基本原则：

(1) 机床的精度应与工序要求的精度相适应；

(2) 机床的生产率应与该零件要求的年生产纲领相适应；

(3) 机床的加工尺寸范围应与零件的外形尺寸相适应。

4.3.6 加工工艺过程的生产率与技术经济分析

1. 生产率分析

1) 时间定额

时间定额：在一定的生产条件下，规定生产一件产品或完成一道工序所消耗的时间。时间定额是制定生产计划、核算工艺成本、新建工厂时计算设备和工人数量、确定车间布置和组织生产等的依据。

合理的时间定额应能促进工人生产技能的提高，从而不断提高生产率。

完成零件一道工序的时间定额称为单件时间 t_d，包括以下几项。

(1) 基本时间 t_j：直接改变工件的尺寸、形状、相对位置、表面状态或材料性质等工艺过程所消耗的时间。对于机械加工来说，包括刀具切入、切出和切削加工等所用的时间。

(2) 辅助时间 t_f：在一道工序中，为保证完成工艺过程所进行的各种辅助动作所消耗的时间，其中包括装卸工件、操作机床、改变切削用量、测量工件等所用的时间。

(3) 作业时间：基本时间和辅助时间的总和。

(4) 布置工作地时间 t_b：为保证加工正常进行，工人照管工作地(包括调整刀具、修整砂轮、润滑机床、清除切屑等)所消耗的时间。一般可按操作时间的 $\alpha\%$($2\%\sim7\%$)来计算。

(5) 休息和生理需要时间 t_x：工人在工作班内，为恢复体力和满足生理上的需要所消耗的时间。可按操作时间的 $\beta\%$(约 2%)来计算。

单件时间定额 t_d = 基本时间 t_j + 辅助时间 t_f + 布置工作地时间 t_b + 休息和生理需要时间 t_x

(6) 准备终结时间 t_z：加工一批零件开始和终了时所做的准备终结工作而消耗的时间。准备终结工作的内容有：熟悉工艺文件、领取毛坯、安装刀具和夹具、调整机床以及归还工艺装备和送交成品等。

准备终结时间对一批零件只消耗一次。零件批量 N 越大，分摊到每个工件上的准备终结时间(t_z/N)就越少。所以成批生产的单件核算时间为

$$t_h = (t_j + t_f)(1 + (\alpha + \beta)/100) + t_z/N$$

2）工序单件时间的平衡

完成一个工序所要求的单件时间

$$t_p = 60t\eta/N(\min)$$

制定工艺规程时，对于按流水线方式组织生产的零件，应对每一道工序的 t_h进行检查，只有各工序的 t_h大致相等，才能最大限度地发挥各台机床的生产效能，而且只有使各个工序的平均 $t_h<t_p$才能完成生产任务。这一工作称为工序单件时间的平衡。

对于 $t_h>t_p$的限制性工序，可采取以下方法缩短 t_h。

(1) 若 t_h大于 t_p在一倍以内，可采用改进刀具，适当地提高切削用量，或采用高效率加工方法，缩短工作行程等，以缩短 t_h。

(2) 若 t_h大于 t_p在两倍以上，当采用了高效率加工方法仍不能达到所需的生产率时，则可采用以下的方法来成倍地提高生产率。

① 增加顺序加工工序　对于粗加工和精度要求不高的工序，当其为限制性工序而 t_h过长时，可将该工序的工作内容分散在几个工序上顺序进行，如将长的工作行程分成若干段，分在几个工序上完成。

② 增加平行加工工序　精度要求比较高时，可安排几个相同的机床或工位，同时平行地进行这个限制性工序。

对于 $t_h<t_p$的工序，因其生产率高或单件工时很短，可采用一般的通用机床及工艺装备。

3）提高劳动生产率的工艺途径

劳动生产率是用工人在单位时间内制造合格产品的数量来评定的。对于机械加工，在保证产品质量的前提下提高劳动生产率，其主要工艺途径是缩短单件工时定额、采用高效自动化加工及成组加工的加工方式。

(1) 缩短单件工时定额。

① 缩短基本时间　其一，提高切削用量。提高切削用量是被广泛采用的缩短基本时间的有效方法，其中提高切削速度是提高生产率的最有效办法。目前广泛采用高速切削和高速磨削。其二，减少切削行程。如在机械加工中可采用多把车刀同时加工工件的同一表面，使每把刀具的切削长度减少，以缩短基本时间。其三，合并工步。如将多个工步的内容合并在一个工步中，采用组合刀具同时完成。最后，还可以采用多件加工。

② 缩短辅助时间　尽量使辅助动作机械化和自动化；使辅助时间和基本时间重合。

③ 缩短工作地服务时间。

④ 缩短准备终结时间。

(2) 采用高效自动化加工及成组加工。

① 在成批大量生产中，采用组合机床及其自动线加工。

② 在单件小批量生产中，采用数控机床(NC)、加工中心(MC)及成组加工，都可以有效地

提高生产率。

2. 工艺过程方案的技术经济分析

生产成本：制造一个零件或一件产品时所必需的费用的总和。

工艺成本：制造一个零件或一件产品时所必需的且与工艺过程直接相关的费用。

工艺方案的技术经济分析可以分为两种情况：对不同工艺方案进行工艺成本的分析和比较；按照某些相对技术经济指标进行比较。

1）工艺成本的组成

$$工艺成本=可变费用+不变费用$$

（1）可变费用：与年产量成比例的费用。这类费用以 V 表示，它包括材料费、操作工人的工资、机床电费、普通机床折旧费、普通机床修理费、刀具费、万能夹具费等。

（2）不变费用：与年产量的变化无直接关系的费用。当年产量在一定范围内变化时，全年的费用基本上保持不变。这类费用以 S 表示，它包括调整工人的工资、专用机床折旧费、专用机床修理费、专用夹具费等。

因此，全年工艺成本 $E=V\times N+S$。

2）工艺方案经济性评定

（1）基本投资或使用设备相同的情况。

设两种不同工艺方案的全年工艺成本分别为

$$E_1=N\times V_1+S_1,\quad E_2=N\times V_2+S_2$$

当产量一定时，先分别计算两种方案的全年工艺成本，然后比较，选其小者；

当年产量变化时，可根据上述公式用图解法进行比较，如图4-9所示。当计划年产量 $N<N_k$ 时，宜采用第二种方案；当 $N>N_k$ 时，则第一种方案较经济。

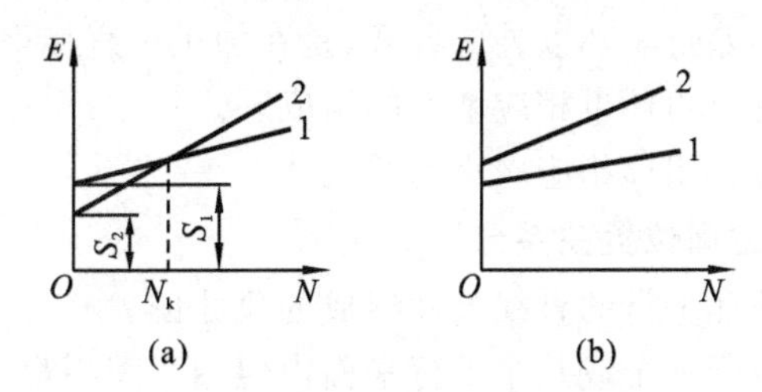

图4-9　两种工艺方案的技术经济对比

（2）基本投资差额较大的情况。

在基本投资差额较大的情况下，不能单纯比较工艺成本，还必须考虑基本投资的经济效益，即不同方案的基本投资的回收期。

回收期 τ 可用下式表示

$$\tau=\frac{K_2-K_1}{E_1-E_2}=\frac{\Delta K}{\Delta E}(年)$$

式中：ΔK 为基本投资差额（元）；ΔE 为全年生产费用节约额（元/年）。

回收期愈短，则第二种方案（高投资方案）经济效果愈好。一般回收期应满足以下要求：

① 回收期应小于所采用设备的使用年限；

② 回收期应小于市场对该产品的需要年限；

③ 回收期应小于国家规定的标准回收期，例如新夹具的标准回收期为 2～3 年，新机床的为 4～6 年。

3）工艺过程优化

工艺过程优化 { 工艺参数优化；工艺路径优化 }

工艺路径（路线）优化问题的实质是求以工序加工时间或加工成本等为边权值的网络的最短路径，有多种求解算法，其中最常用的算法是 Dijkstra 算法、A* 算法、SPFA 算法、Bellman-Ford算法、Floyd-Warshall 算法和 Johnson 算法等。

4.3.7 工艺尺寸链

1. 尺寸链的定义和组成

(1) 尺寸链：在零件加工或机器装配过程中，相互联系并按一定顺序排列的封闭尺寸组合。

(2) 工艺尺寸链：在机械加工过程中，由同一个零件有关工序尺寸组成的尺寸链。

(3) 装配尺寸链：在机器设计及装配过程中，由有关零件设计尺寸所组成的尺寸链。

(4) 尺寸链的环：组成尺寸链的每一个尺寸。

(5) 封闭环：在零件加工或装配过程中，间接得到或最后形成的环。

(6) 组成环：尺寸链中除封闭环以外的各环，是在加工中直接得到的尺寸。

(7) 增环：该环增大使封闭环也相应增大的组成环。

(8) 减环：该环增大使封闭环相应减小的组成环。

2. 尺寸链的分类(按空间位置关系分)

(1) 直线尺寸链：由彼此平行的直线尺寸组成的尺寸链。

(2) 平面尺寸链：由位于一个或几个平行平面内但相互间不都平行的尺寸组成的尺寸链。

(3) 空间尺寸链：由位于几个不平行平面内的尺寸组成的尺寸链。

3. 尺寸链的计算方法

1）尺寸链计算的方法

(1) 极值法：按误差综合的两种最不利情况来计算封闭环极限尺寸的方法。

(2) 概率法：将各尺寸看作随机变量，用概率统计方法求解封闭环与组成环之间的关系。

2）尺寸链计算的三种情况

(1) 正计算：已知组成环，求封闭环。

(2) 反计算：已知封闭环，求组成环。

(3) 中间计算：已知封闭环及部分组成环，求其余组成环。

4. 解尺寸链的基本计算公式

1) 尺寸的三种表示方法及其关系

(1) 基本尺寸及上下偏差：$A_{\mathrm{EI}_A}^{\mathrm{ES}_A}$。

(2) 最大极限尺寸 $A_{\max}$ 和最小极限尺寸 $A_{\min}$。

(3) 平均尺寸 A_{M} 和公差 T_A。

$$A_{\mathrm{M}}=\frac{A_{\max}+A_{\min}}{2}=A+\Delta_{\mathrm{M}A}$$

$$\Delta_{\mathrm{M}A}=\frac{\mathrm{ES}_A+\mathrm{EI}_A}{2}$$

2) 极值法

(1) 封闭环的基本尺寸

$$A_0=\sum_{i=1}^{n}\xi_i A_i=\sum_{z=1}^{m}A_z-\sum_{j=m+1}^{n}A_j$$

(2) 环的极限尺寸

$$A_{\max}=A+\mathrm{ES}$$
$$A_{\min}=A-\mathrm{EI}$$

(3) 环的极限偏差

$$\mathrm{ES}=A_{\max}-A$$
$$\mathrm{EI}=A-A_{\min}$$

(4) 封闭环的中间偏差

$$\Delta_0=\sum_{i=1}^{m}\xi_i\Delta_i$$

(5) 封闭环的公差

$$T_0=\sum_{i=1}^{m}T_i$$

(6) 组成环的中间偏差

$$\Delta_i=(\mathrm{ES}_i+\mathrm{EI}_i)/2$$

(7) 封闭环的极限尺寸

$$A_{0\max}=\sum_{z=1}^{m}A_{z\max}-\sum_{j=m+1}^{n}A_{j\min}$$

$$A_{0\min}=\sum_{z=1}^{m}A_{z\min}-\sum_{j=m+1}^{n}A_{j\max}$$

(8) 封闭环的极限偏差

$$ES_0 = \sum_{z=1}^{m} ES_z - \sum_{j=m+1}^{n} EI_j$$

$$EI_0 = \sum_{z=1}^{m} EI_z - \sum_{j=m+1}^{n} ES_j$$

3）概率法（统计法）

（1）封闭环的中间偏差

$$\Delta_{MA0} = \sum_{i=1}^{m} \xi_i (\Delta_{MA0} + \alpha_i T_i/2)$$

（2）封闭环公差

$$T_0 = \frac{1}{k_0}\sqrt{\sum_{i=1}^{m} \xi_i^2 k_i^2 T_i^2}$$

式中：α_i为第 i 组成环尺寸分布曲线的不对称系数；$\alpha_i T_i/2$ 为第 i 组成环尺寸分布中心相对于公差带中心的偏移量；k_0为封闭环的相对分布系数；k_i为第 i 组成环的相对分布系数。

常见尺寸分布曲线的 α 和 k 值见表 4-1。

表 4-1 常见尺寸分布曲线的 α 和 k 值

分布特征	正态分布	三角分布	均匀分布	瑞利分布	偏态分布	
					外尺寸	内尺寸
分布曲线	3σ 3σ			αT/2	αT/2	αT/2
α	0	0	0	−0.28	0.26	−0.26
k	1	1.22	1.73	1.14	1.17	1.17

例 4-1 图 4-10(a)为车床溜板箱部位局部装配简图。装配间隙要求为 0.005～0.025 mm，已知有关零件基本尺寸及其偏差为：$A_1 = 25^{+0.084}_{0}$ mm，$A_2 = 20 \pm 0.065$ mm，$A_3 = 5 \pm 0.006$ mm，试校核装配间隙 A_0能否得到保证。

解 本例为正计算问题。

（1）绘出的尺寸链图如图 4-10(b)所示。

（2）封闭环：间隙 A_0（装配技术要求）。

（3）尺寸链方程：$A_0 = A_2 + A_3 - A_1$

（4）计算：$A_0 = (A_2 + A_3) - A_1 = [(20+5)-25]\ \text{mm} = 0\ \text{mm}$

$$ES_0 = (ES_2 + ES_3) - EI_1 = [(0.065+0.006)-0]\ \text{mm} = 0.071\ \text{mm}$$

$$EI_0 = (EI_2 + EI_3) - ES_1 = [(-0.065-0.006)-0.084]\ \text{mm} = -0.155\ \text{mm}$$

所以，$A_0 = 0^{+0.071}_{-0.155}$ mm，装配间隙得不到保证。

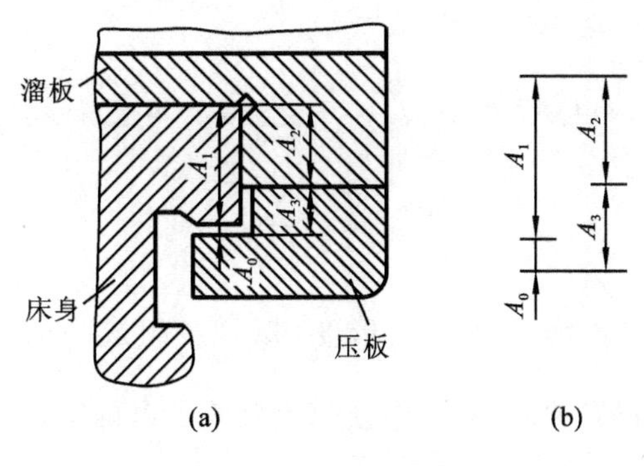

图 4-10　车床溜板部件

5. 尺寸链反计算中的公差分配

1）等公差法

将封闭环的公差 T_0 平均分配给各个组成环。

$$T_k = T_0/n$$

等公差法计算简便，当各组成环的基本尺寸相近、加工方法相同时，应优先考虑采用。

2）等精度法

使各组成环具有相同的公差等级，据此计算出公差等级系数，再求出各组成环的公差。

根据国家标准，零件尺寸公差与其基本尺寸有如下关系

$$T = \alpha I$$

式中：T 为零件尺寸公差(μm)；α 为精度系数(见表 4-2)，亦称公差等级系数，无量纲；I 为公差单位(μm)(见表 4-3)。

表 4-2　精度系数 α

精度等级	IT5	IT6	IT7	IT8	IT9	IT10	IT11
精度系数 α	7	10	16	25	40	64	100
精度等级	IT12	IT13	IT14	IT15	IT16	IT17	IT18
精度系数 α	160	250	400	640	1000	1600	2500

表 4-3　尺寸分段的公差单位 I

尺寸分段/mm	I/μm	尺寸分段/mm	I/μm	尺寸分段/mm	I/μm
≤3	0.54	30～50	1.56	250～315	3.23
3～6	0.73	50～80	1.86	315～400	3.54
6～10	0.90	80～120	2.17	400～500	3.89
10～18	1.08	120～180	2.52	—	—
18～30	1.31	180～250	2.90	—	—

按照等精度法，令：$\alpha_1=\alpha_2=\alpha_3=\cdots=\alpha_n=\alpha$

$$T_k=\alpha I_k,\quad T_0=\sum_{k=1}^{n}T_k=\alpha\sum_{k=1}^{n}I_k$$

$$\alpha=T_0\Big/\sum_{k=1}^{n}I_k$$

3）实际可行性分配法

首先按实际可行性（可参考经济加工精度）拟订各组成环的公差，然后校核是否满足 $\sum_{k=1}^{n}T_k\leqslant T_0$。若校核结果满足要求，则可将分配的公差予以确定；若校核结果不满足要求，则提高组成环加工精度要求。

当各组成环的加工方法不同时，应采用实际可行性分配法来决定各组成环的公差。

组成环上、下偏差的确定：对于包容及被包容尺寸，公差带的位置一般应按入体原则标注；对于孔系类尺寸，则按对称偏差来标注。

注意事项：在解反计算问题时，如组成环属于标准件尺寸（例如轴承环的厚度等），其公差大小和分布位置已有规定，故不能变更；如某一组成环是几个尺寸链的公共环，其公差值大小及分布位置，应根据对其精度要求最严的尺寸链确定。

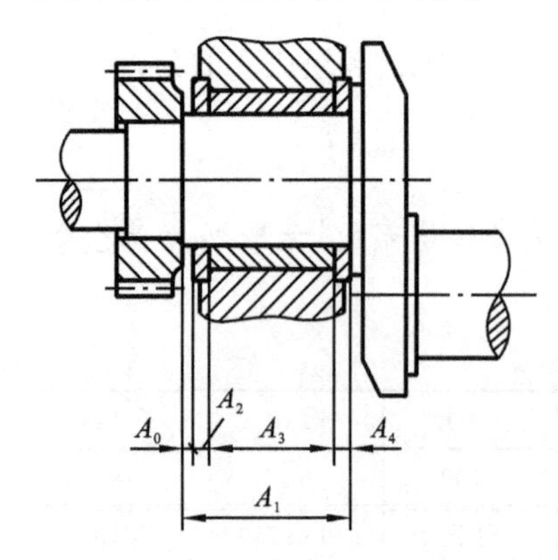

图 4-11　曲轴轴颈装配尺寸链

例 4-2　图 4-11 为发动机曲轴轴颈局部装配图。设计要求轴向装配间隙 $A_0=0^{+0.25}_{+0.05}$ mm，试确定曲轴轴颈长度 $A_1=43.5$ mm，前、后止推垫片厚度 $A_2=A_4=2.5$ mm，轴承座宽度 $A_3=38.5$ mm 等尺寸的上、下偏差。

解　(1) 画出装配尺寸链图，校核各基本尺寸。

装配尺寸链如图 4-11 所示，其中 A_0 为封闭环，尺寸链方程为：$A_0=A_1-(A_2+A_3+A_4)$，基本尺寸 $A_0=A_1-(A_2+A_3+A_4)=[43.5-(2.5+38.5+2.5)]$ mm $=0$ mm，正确。

(2) 确定各组成环尺寸公差大小及分布位置。

按等公差法计算，则

$$T_k=T_0/n=(0.25-0.05)/4\ \text{mm}=0.05\ \text{mm}$$

按入体原则安排偏差位置

$$A_2=A_4=2.5^{\ 0}_{-0.05}\ \text{mm},\quad A_3=38.5^{\ 0}_{-0.05}\ \text{mm}$$

选尺寸 A_1 为协调环，利用尺寸链方程计算其上下偏差。

$ES_0=ES_1-(EI_2+EI_3+EI_4)\Rightarrow$

$ES_1=ES_0+(EI_2+EI_3+EI_4)=[0.25+(-0.05\times3)]$ mm $=+0.10$ mm

$EI_0=EI_1-(ES_2+ES_3+ES_4)\Rightarrow$

$EI_1 = EI_0 + (ES_2 + ES_3 + ES_4) = (0.05 + 0)\ \text{mm} = +0.05\ \text{mm}$

所以，$A_1 = 43.5^{+0.10}_{+0.05}$ mm

按等精度法计算。由表 4-3 查得各组成环的公差单位，即

$$I_1 = 1.56\ \mu\text{m},\quad I_2 = I_4 = 0.54\ \mu\text{m},\quad I_3 = 1.56\ \mu\text{m}$$

求出精度系数为

$$\alpha = \frac{T_0}{\sum_{k=1}^{4} I_k} = \frac{200}{2 \times (1.56 + 0.54)} = 47.6$$

查表 4-2 知 47.6 与 40 相近，故各环精度均按 IT9 级确定公差值，并按入体原则安排偏差位置，则

$$T_2 = T_4 = 0.025\ \text{mm},\quad T_3 = 0.062\ \text{mm}$$

$$A_2 = A_4 = 2.5^{\ 0}_{-0.025}\ \text{mm},\quad A_3 = 38.5^{\ 0}_{-0.062}\ \text{mm}$$

以 A_1 为协调环，计算其上、下偏差：

$ES_1 = ES_0 + (EI_2 + EI_3 + EI_4) = [0.25 + (-0.025 \times 2 - 0.062)]\ \text{mm} = +0.138\ \text{mm}$

$EI_1 = EI_0 + (ES_2 + ES_3 + ES_4) = [0.05 + (0 + 0 + 0)]\ \text{mm} = +0.05\ \text{mm}$

所以，$A_1 = 43.5^{+0.138}_{+0.050}$ mm。

6. 几种工艺尺寸链的分析和计算

工序尺寸是指某工序加工所要达到的尺寸，即在加工中用来调整刀具的尺寸或测量的尺寸。它们一般是直接得到的，故在工艺尺寸链中常常是组成环。

工艺尺寸链中的设计要求或加工余量常是间接保证的，故一般以封闭环的形式出现。

1) 基准不重合时的尺寸换算

拟订零件加工工艺规程时，一般尽可能使工序基准（定位基准或测量基准）与设计基准重合，以避免产生基准不重合误差。如因故不能实现基准重合，就需要进行工序尺寸换算。

例 4-3　图 4-12(a)所示零件表面 M、N 均已加工合格，$A_1 = 60^{\ 0}_{-0.10}$ mm。现加工表面 P，要求保证尺寸 $A_0 = 25^{+0.25}_{\ 0}$ mm 及 N、P 两平面平行。显然，表面 N 是表面 P 的设计基准，但不宜作定位基准，而选表面 M 为定位基准。试确定工序尺寸，即调刀尺寸 A_2 及其上、下偏差。

解　(1) 建立尺寸链如图 4-12(b)所示，其中，A_0 为封闭环。

(2) 尺寸链方程：$A_0 = A_1 - A_2$。

(3) A_2 及其上、下偏差的确定。

$$A_2 = A_1 - A_0 = (60 - 25)\ \text{mm} = 35\ \text{mm}$$

$$ES_0 = ES_1 - EI_2 \Rightarrow EI_2 = ES_1 - ES_0 = (0 - 0.25)\ \text{mm} = -0.25\ \text{mm}$$

$$EI_0 = EI_1 - ES_2 \Rightarrow ES_2 = EI_1 - EI_0 = (-0.1 - 0)\ \text{mm} = -0.10\ \text{mm}$$

所以，$A_2 = 35^{-0.10}_{-0.25}$ mm，按入体原则标注为 $A_2 = 34.9^{\ 0}_{-0.15}$ mm。

(4) 根据零件的设计要求，A_2 是设计尺寸链的封闭环，它的上、下偏差要求应为

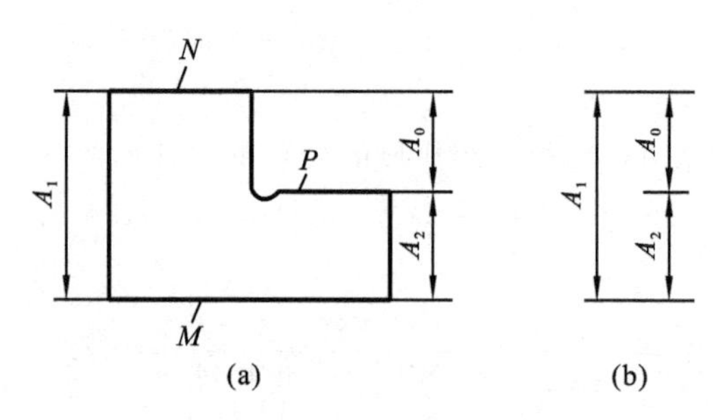

图 4-12　基准不重合时的尺寸换算

$$ES_2 = ES_1 - EI_0 = (0-0)\ \text{mm} = 0\ \text{mm}$$

$$EI_2 = EI_1 - ES_0 = (-0.1-0.25)\ \text{mm} = -0.35\ \text{mm}$$

显然，基准不重合使 A_2 的加工精度要求提高了。

(5) 假废品问题。

如果 $A_1=59.9$ mm，$A_2=34.65$ mm(超差)，则 $A_0=25.25$ mm，A_1 和 A_0 仍合格。即如果根据 A_2 是否在 $34.9_{-0.15}^{\ 0}$ mm 范围内来判断零件是否合格，则可能出现将合格品判为废品的所谓假废品问题。

假废品的出现会给生产和质量管理带来很多麻烦，因此，除非万不得已，一般不要使定位基准与设计基准不重合。

2) 标注工序尺寸的基准是尚待加工的设计基准

例 4-4　图 4-13(a)所示为一带键槽的齿轮孔，孔淬火后需磨削，故键槽深度的最终尺寸 $L=43.6_{\ 0}^{+0.34}$ mm 不能直接获得，这样插键槽的深度只能作为加工中的工序尺寸。因此，必须计算出插键槽的工序尺寸及其公差。有关内孔及键槽的加工顺序是：①镗内孔至 $\phi39.6_{\ 0}^{+0.10}$ mm；②插键槽至尺寸 A；③热处理；④磨内孔至 $\phi40_{\ 0}^{+0.05}$ mm，同时间接获得键槽深度尺寸 L。试确定工序尺寸 A 及其公差。

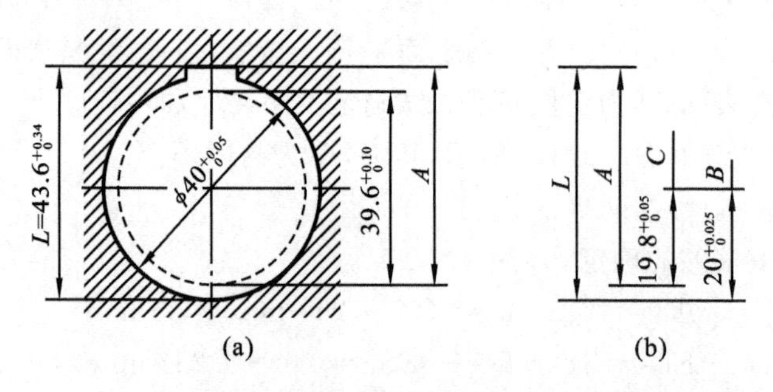

图 4-13　内孔及键槽的工艺尺寸链

解　本题求解的关键是建立尺寸链。像本题这样与回转体直径有关的工艺尺寸，在建立尺寸链时，必须使用半径尺寸才能使各尺寸组成封闭的图形。

(1) 建立尺寸链如图 4-13(b)所示，其中，L 是封闭环，$B=\phi40^{+0.05}_{0}/2\ \text{mm}=20^{+0.025}_{0}\ \text{mm}$，$C=\phi39.6^{+0.10}_{0}/2\ \text{mm}=19.8^{+0.05}_{0}\ \text{mm}$，尺寸链方程为 $L=A+B-C$。

(2) 根据尺寸链方程，有

$$A=L+C-B=(43.6+19.8-20)\ \text{mm}=43.4\ \text{mm}$$

$$\text{ES}_L=\text{ES}_A+\text{ES}_B-\text{EI}_C\Rightarrow$$

$$\text{ES}_A=\text{ES}_L+\text{EI}_C-\text{ES}_B=(+0.34+0-0.025)\ \text{mm}=+0.315\ \text{mm}$$

$$\text{EI}_L=\text{EI}_A+\text{EI}_B-\text{ES}_C\Rightarrow$$

$$\text{EI}_A=\text{EI}_L+\text{ES}_C-\text{EI}_B=(0+0.05-0)\ \text{mm}=+0.05\ \text{mm}$$

所以，$A=43.4^{+0.315}_{+0.050}\ \text{mm}$，按入体原则标注为 $A=43.45^{+0.265}_{0}\ \text{mm}$。

3) *多尺寸保证时工艺尺寸链的计算*

例 4-5　图 4-14(a)所示的零件中，A 面为主要轴向设计基准，直接以它为基准标注的设计尺寸有 4 个：$5^{0}_{-0.16}$ mm，9.5^{+1}_{0} mm，2 ± 0.2 mm 和 52 ± 0.4 mm。由于 A 面要求高，安排在最后加工，但在磨削加工工序中(见图 4-14(b))，只能直接控制(即图中标注的)一个尺寸。这个尺寸通常是同一设计基准标注的设计尺寸中精度要求最高的，本例中即为 $5^{0}_{-0.16}$ mm。而其他三个尺寸则需要通过换算来间接保证。即要求计算表面 A 在磨削前的车削工序中，上述各设计尺寸的控制尺寸及公差。

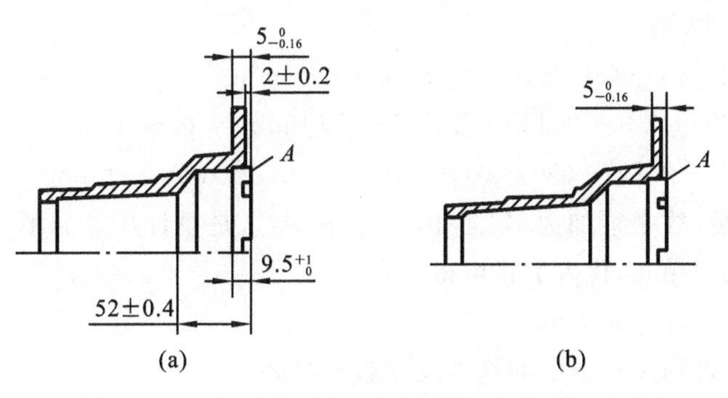

图 4-14　多尺寸保证

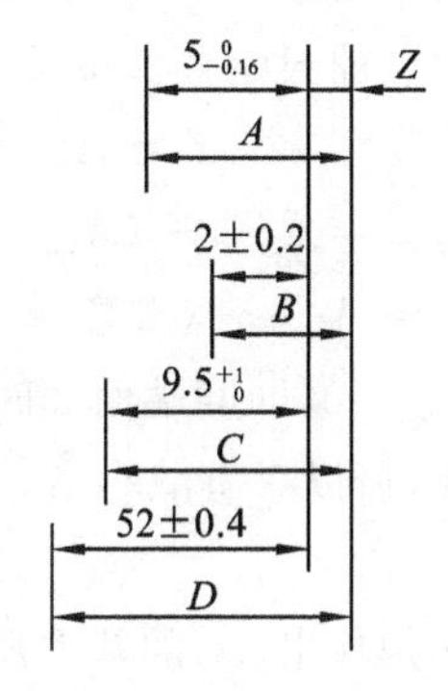

图 4-15　多尺寸保证时的尺寸链

解　在图 4-15 所示的尺寸链图中，假定尺寸 $5^{0}_{-0.16}$ mm 在磨削前的车削尺寸控制在 $A\pm T_{\text{A}}=5.3\pm0.05$ mm，此时磨削余量 Z 为封闭环。

$$\text{ES}_Z=[+0.05-(-0.16)]\ \text{mm}=+0.21\ \text{mm}$$

$$\text{EI}_Z=(-0.05-0)\ \text{mm}=-0.05\ \text{mm}$$

因此，余量尺寸为 $Z=0.3^{+0.21}_{-0.05}$ mm。为了保证在 A 面磨削后，其余的三个设计尺寸达到要求，则磨削前的车削尺寸 B、C、D 也应控制。此时磨削后的各尺寸为封闭环，磨削余量 Z 为组成环之一，按尺寸链图分别求出磨削前各尺寸为

$$B=2.3^{+0.15}_{+0.01}\ \text{mm},\quad C=9.8^{+0.95}_{+0.21}\ \text{mm},\quad D=52.3^{+0.35}_{-0.19}\ \text{mm}$$

4）余量校核

工序余量的变化量取决于本工序以及前面有关工序加工误差的大小，在已知工序尺寸及其公差的条件下，用工艺尺寸链可以计算余量的变化，校核其大小是否合适。通常只需要校核精加工余量。

例 4-6 图 4-16(a)所示小轴需进行如下加工：①车端面 1；②车端面 2，保证端面 1 和端面 2 之间的距离尺寸 $A_2=49.5^{+0.3}_{0}$ mm；③车端面 3，保证总长 $A_3=80^{0}_{-0.2}$ mm；④磨端面 2，保证端面 2 和端面 3 之间的距离尺寸 $A_1=30^{0}_{-0.14}$ mm。试校核磨端面 2 的余量。

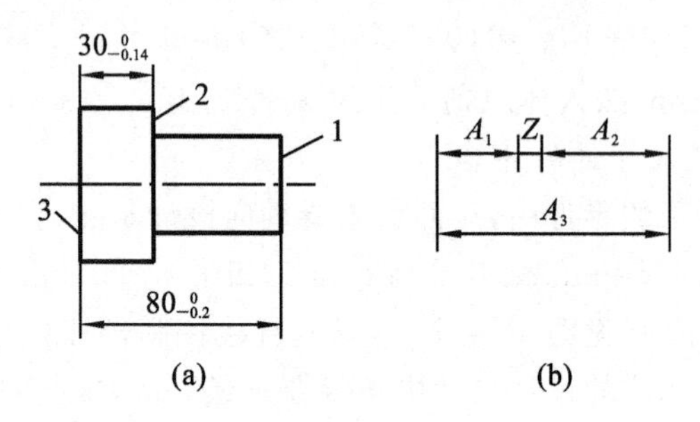

图 4-16 用工艺尺寸链校核余量

解 由图 4-16(b)所示的轴向尺寸工艺尺寸链可知，因余量 Z 是在加工中间接获得的，故是尺寸链的封闭环。按尺寸链的计算公式，则

$$Z = A_3 - (A_1 + A_2) = [80 - (30 + 49.5)]\ \text{mm} = 0.5\ \text{mm}$$

$$Z_{\max} = A_{3\max} - (A_{1\min} + A_{2\min}) = [80 - (30 - 0.14) - (49.5 - 0)]\ \text{mm} = 0.64\ \text{mm}$$

$$Z_{\min} = A_{3\min} - (A_{1\max} + A_{2\max}) = [(80 - 0.2) - (30 - 0) - (49.5 + 0.3)]\ \text{mm} = 0\ \text{mm}$$

$Z_{\min}=0$，即磨端面 2 时可能没有余量，故必须加大 $Z_{\min}$。因 $A_{3\min}$ 和 $A_{1\max}$ 是设计尺寸而不能更改，所以只有减小 $A_{2\max}$。令 $Z_{\min}=0.1$ mm，代入上式可得

$$A_{2\max} = 49.7\ \text{mm}$$

必须指出，A_2 的基本尺寸不能更改，否则尺寸链中的基本尺寸就不封闭了。

5）零件进行表面热处理时的工序尺寸换算

例 4-7 图 4-17(a)所示的轴承衬套，内孔要求渗氮处理，渗氮层深度 t_0 单边为 $0.3^{+0.2}_{0}$ mm，有关加工工序是：①磨内孔，保证尺寸 $\phi 144.76^{+0.04}_{0}$ mm；②渗氮处理，并控制渗氮层深度 t_1（单边）；③精磨内孔，保证尺寸 $\phi 145^{+0.04}_{0}$ mm，同时保证渗氮层深度达到图样规定的要求。试确定 t_1。

解 (1) 建立尺寸链如图 4-17(b)所示，其中，t_0 是封闭环，尺寸链方程为 $t_0=B+t_1-A$。

(2) 根据尺寸链方程，有

$$t_1 = A + t_0 - B = (72.5 + 0.3 - 72.38)\ \text{mm} = 0.42\ \text{mm}$$

$\text{ES}_{t0}=\text{ES}_B+\text{ES}_{t1}-\text{EI}_A \Rightarrow$

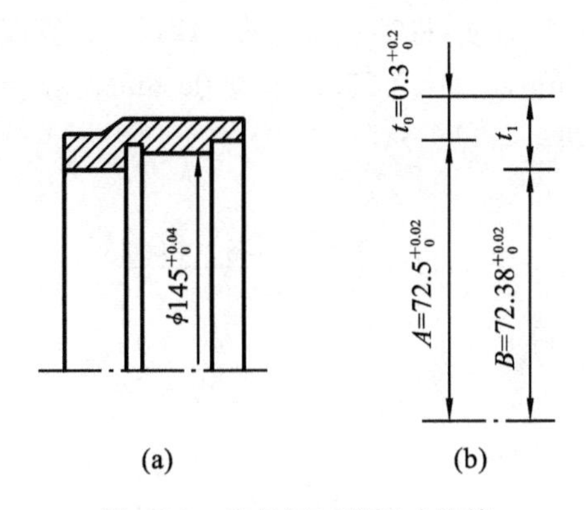

图 4-17　渗氮层工序尺寸换算

$ES_{t1}=ES_{t0}+EI_A-ES_B=(+0.2+0-0.02)\ \text{mm}=+0.18\ \text{mm}$

$EI_{t0}=EI_B+EI_{t1}-ES_A\Rightarrow$

$EI_{t1}=EI_{t0}+ES_A-EI_B=(+0+0.02-0)\ \text{mm}=+0.02\ \text{mm}$

所以，$t_1=0.42^{+0.18}_{+0.02}$ mm，按入体原则标注为：$t_1=0.44^{+0.16}_{0}$ mm。

6）孔系坐标尺寸换算

在孔系加工中，由于各孔的孔距精度要求一般较高，生产中常采用坐标法进行加工。这就要求将孔距尺寸公差换算成加工用的坐标尺寸公差，其实质就是求解一个平面尺寸链问题。

例 4-8　如图 4-18 所示为一箱体零件孔系，已知 $L_{OA}=129.49^{+0.27}_{+0.17}$ mm，$L_{AB}=125^{+0.27}_{+0.17}$ mm，$L_{OB}=166.5^{+0.30}_{+0.20}$ mm，$Y_{O\text{-}B}=54$ mm。试确定在镗床上加工时孔系的坐标尺寸 $X_{O\text{-}A}$、$Y_{O\text{-}A}$、$X_{O\text{-}B}$、$Y_{O\text{-}B}$ 及其偏差。

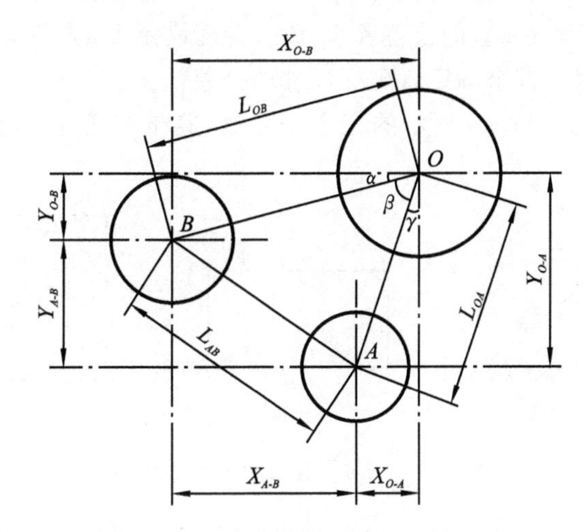

图 4-18　三轴孔的孔心距与坐标尺寸

解 (1) 换算尺寸。为计算方便，将零件图上的孔距尺寸换算成平均尺寸及对称偏差形式：

$L_{OA}=129.71\pm0.05$ mm，$L_{AB}=125.22\pm0.05$ mm，$L_{OB}=166.75\pm0.05$ mm。

(2) 求孔系坐标基本尺寸。

由余弦定理，有

$$\cos\beta=\frac{L_{OA}^2+L_{OB}^2-L_{AB}^2}{2L_{OA}L_{OB}}$$

将各尺寸的平均值带入上式，得

$$\beta=47°59'27''$$

根据图中几何关系，可得

$$\alpha=\arcsin\frac{Y_{O\text{-}B}}{L_{OB}}=18°53'40''$$

$$\gamma=90°-(\alpha+\beta)=23°6'53''$$

于是

$$X_{O\text{-}A}=L_{OA}\sin\gamma=50.915\ \text{mm}$$

$$Y_{O\text{-}A}=L_{OA}\cos\gamma=119.288\ \text{mm}$$

$$X_{O\text{-}B}=L_{OB}\cos\alpha=157.769\ \text{mm}$$

$$Y_{O\text{-}B}=54\ \text{mm}$$

(3) 求孔系坐标尺寸的公差。

孔心距尺寸 L_{OA} 是由坐标尺寸 $X_{O\text{-}A}$、$Y_{O\text{-}A}$ 间接保证的，孔心距 L_{OB} 是由坐标尺寸 $X_{O\text{-}B}$、$Y_{O\text{-}B}$ 间接保证的，而孔心距 L_{AB} 是 A、B 两孔加工好后自然获得的，因此它是由 $X_{O\text{-}A}$、$Y_{O\text{-}A}$、$X_{O\text{-}B}$、$Y_{O\text{-}B}$ 四个坐标尺寸所间接决定的。由于 L_{OA}、L_{OB} 和 L_{AB} 的公差值都等于 0.1 mm，所以确定各坐标尺寸时，只要能满足 L_{AB} 的公差要求，就一定能满足 L_{OA} 与 L_{OB} 的公差要求，故必须根据 L_{AB} 为封闭环的这一尺寸链来确定各坐标尺寸的公差。

由图 4-18 可分解出如图 4-19 所示的三个尺寸链，鉴于上述理由，先解图 4-19(c)所示的尺寸链。

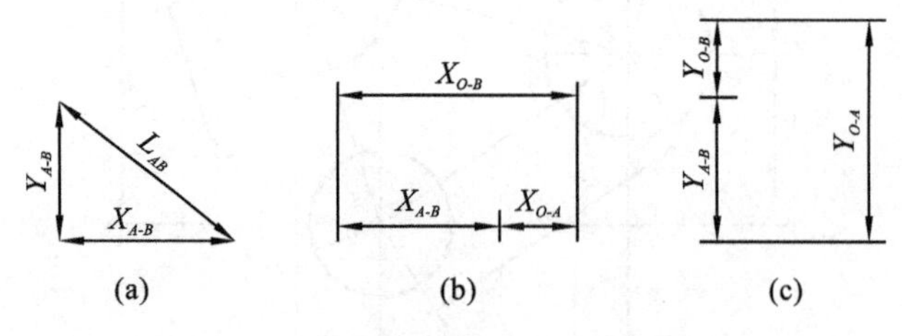

图 4-19 三轴孔坐标尺寸链的分解

由图 4-19(a)，有

$$L_{AB}^2=X_{A\text{-}B}^2+Y_{A\text{-}B}^2$$

对上式微分，得

$$2L_{AB}\mathrm{d}L_{AB}=2X_{A\text{-}B}\mathrm{d}X_{A\text{-}B}+2Y_{A\text{-}B}\mathrm{d}Y_{A\text{-}B}$$

考虑到箱体镗孔时，纵、横坐标尺寸的误差量一般相等，故可令

$$\mathrm{d}X_{A\text{-}B}=\mathrm{d}Y_{A\text{-}B}$$

这样

$$\mathrm{d}X_{A\text{-}B}=\mathrm{d}Y_{A\text{-}B}=\frac{L_{AB}\mathrm{d}L_{AB}}{X_{A\text{-}B}+Y_{A\text{-}B}}$$

以微小增量代替各微分，得

$$\Delta X_{A\text{-}B}=\Delta Y_{A\text{-}B}=\frac{L_{AB}\Delta L_{AB}}{X_{A\text{-}B}+Y_{A\text{-}B}}=\frac{125.22\times(\pm 0.05)}{(157.769-50.915)+(119.288-54)}\ \mathrm{mm}=\pm 0.036\ \mathrm{mm}$$

即 $X_{A\text{-}B}$、$Y_{A\text{-}B}$ 的公差为 $T_{X_{A\text{-}B}}=T_{Y_{A\text{-}B}}=\pm 0.036$ mm。

按照等公差法分配图 4-19(b)和图 4-19(c)所示两线性尺寸链封闭环的公差，得

$$T_{X_{O\text{-}A}}=T_{X_{O\text{-}B}}=T_{Y_{O\text{-}A}}=T_{Y_{O\text{-}B}}=\pm 0.018\ \mathrm{mm}$$

所以轴孔 A、B 的坐标尺寸和公差分别为

$$X_{O\text{-}A}=50.915\pm 0.018\ \mathrm{mm},\quad Y_{O\text{-}A}=119.288\pm 0.018\ \mathrm{mm}$$

$$X_{O\text{-}B}=157.769\pm 0.018\ \mathrm{mm},\quad Y_{O\text{-}B}=54\pm 0.018\ \mathrm{mm}$$

7) 用图解追踪法确定工序尺寸

对于轴向尺寸比较复杂的零件，如果工序较多，工序中基准不重合，尺寸需要换算，则工序尺寸及其公差的确定比较复杂(关键是不容易正确列出工艺尺寸链)。这时，如果采用图解追踪法，就能够比较方便、可靠地找出工艺过程的全部尺寸链，进而求出各工序尺寸、公差和余量。

例 4-9　如图 4-20 所示，轴套零件有关轴向尺寸的加工工序如下。

工序 1　轴向以 A 面定位，粗车 D 面，保证工序尺寸 A_1；车 B 面，保证工序尺寸 $A_2=40_{-0.20}^{\ 0}$ mm。

工序 2　以 D 面定位，精车 A 面，保证工序尺寸 A_3；粗车 C 面，保证工序尺寸 A_4。

工序 3　以 D 面定位，磨 A 面，保证工序尺寸 $A_5=50_{-0.50}^{\ 0}$ mm。

试确定各工序尺寸、公差及余量。

解　下面结合此例来介绍图解追踪法。

(1) 跟踪图的绘制。

① 在图表上方画出零件简图，并标出与工艺尺寸链计算有关的轴向设计尺寸。

② 按加工顺序自上而下地填入工序号和工序名称。

③ 从零件简图各端面向下引出引线至加工区域(这些引线代表了在不同加工阶段中有余量区别的不同加工表面)，并按规定的符号标出工序基准(定位基准或测量基准)、加工余量、工序尺寸及结果尺寸。

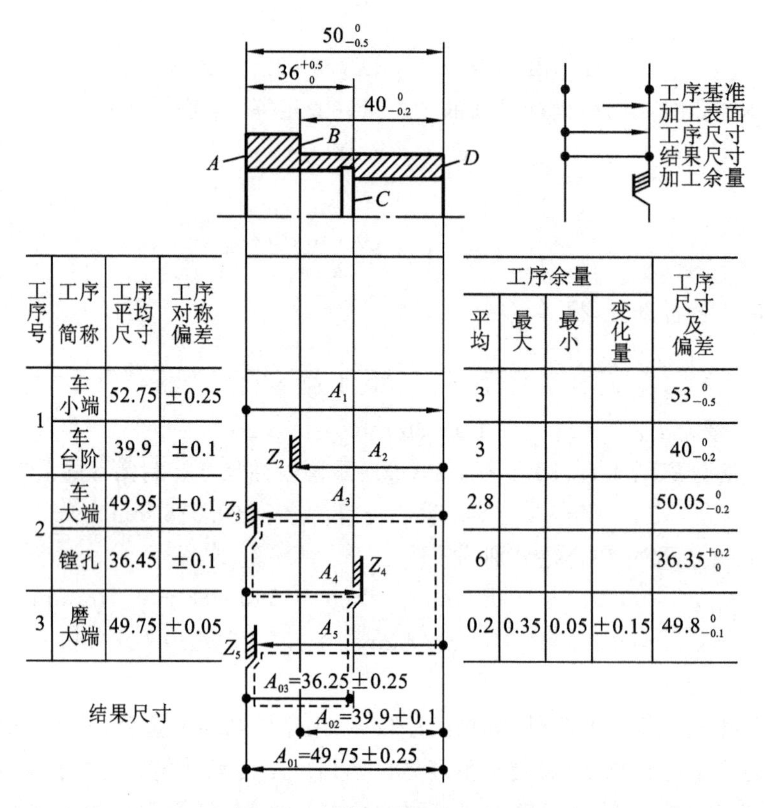

图 4-20　工艺尺寸链的追踪图表

④ 为便于计算，应将有关设计尺寸换算成平均尺寸和双向对称偏差的形式标于结果尺寸栏内。

⑤ 用查表法或经验估计法确定各工序公称余量并填入表中。

(2) 用追踪法查找工艺过程全部尺寸链。

查找工艺尺寸链就是要找出以所有设计尺寸或加工余量为封闭环的尺寸链。方法是：从结果尺寸或加工余量符号的两端出发，沿着零件表面引线同时垂直向上追踪，当追踪线遇到尺寸箭头时，说明与该工序尺寸有关，追踪线就沿着箭头拐入，沿该工序尺寸线经另一端拐出继续往上追踪，若遇到圆点，就不要拐入，仍顺着引线往上找，直至两路追踪线在加工区内会合。当两端的追踪线会合时，说明尺寸链已封闭，即与该封闭环有关的组成环(就是追踪路线所经过的工序尺寸)已全部找到，追踪到此结束。

图 4-20 中虚线就是以结果尺寸 A_{03} 为封闭环向上跟踪所找到的一个工艺尺寸链。按照上述方法，可列出该例工艺过程的全部五个尺寸链，如图 4-21 所示。

(3) 计算工序尺寸、公差及余量。

在具体求解尺寸链之前，应首先确定先解哪个尺寸链。一般原则是：首先解结果尺寸链，

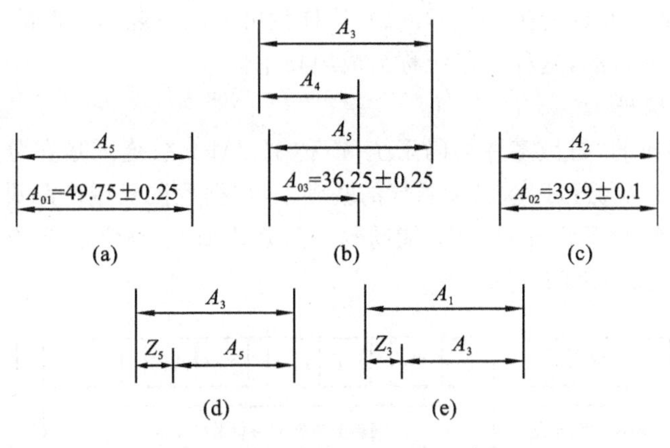

图 4-21　用追踪法列出的尺寸链

使解出的工序尺寸能满足零件的设计要求;再解以精加工余量为封闭环的余量尺寸链,以保证加工余量不致过小或过大。

在解结果尺寸链时,如果有一个(或数个)作为组成环的工序尺寸是几个尺寸链的公共环,则应首先解设计要求较高、组成环数较多的尺寸链,然后再解其他结果尺寸链。按这样的步骤求解工序尺寸公差,就比较容易保证零件的所有设计要求都能被满足,避免不必要的返工。

在本例所列出的五个工艺尺寸链中,图 4-21(d)所列尺寸链并不是独立的,它可以由图(b)所列尺寸链分解得出,所以在决定先解哪一个尺寸链时,图(d)尺寸链不必考虑。在图(a)、图(b)、图(c)、图(e)四个尺寸链中,由于工序尺寸 A_5 是图(a)与图(b)两尺寸链的公共环,而图(b)是环数较多、封闭环公差又比较严格的结果尺寸链,所以应先解图(b)所列尺寸链。反之,如果先解图(a)尺寸链,则

$$A_5 = A_{01} = 49.75 \pm 0.25 \text{ mm}$$

很明显,这时图(b)尺寸链就无法求解了。

解算顺序是:①解图(b)所列尺寸链;②解图(c)所列尺寸链;③解图(e)所列尺寸链;④按图(d)所列尺寸链验算磨削余量;⑤将各工序尺寸按入体原则转换为基本尺寸和单向偏差的形式。解算的结果见图 4-20。

4.3.8　成组技术与 CAPP

1. 成组技术

如何用规模生产方式组织中小批量产品的生产,一直是国际生产工程界广为关注的重大研究课题,成组技术(group technology,GT)就是针对生产中的这种需求发展起来的一种生产技术。

1) 成组技术的概念

充分利用事物之间的相似性,将许多具有相似信息的研究对象归并成组,并用大致相同的

方法来解决这一组研究对象的生产技术问题，这样就可以发挥规模生产的优势，达到提高生产效率、降低生产成本的目的，这种技术统称为成组技术。

2) 零件的分类编码

我国1984年颁布的"机械零件编码系统(简称JLBM-1系统)"是在分析全世界应用最广的德国奥匹兹(Opitz)系统和日本KK系统的基础上，根据我国机械产品设计的具体情况制定的。该系统由名称类别、形状及加工码、辅助码三部分共15个码位组成，每一码位包括从0到9的10个特征项号，如图4-22所示。

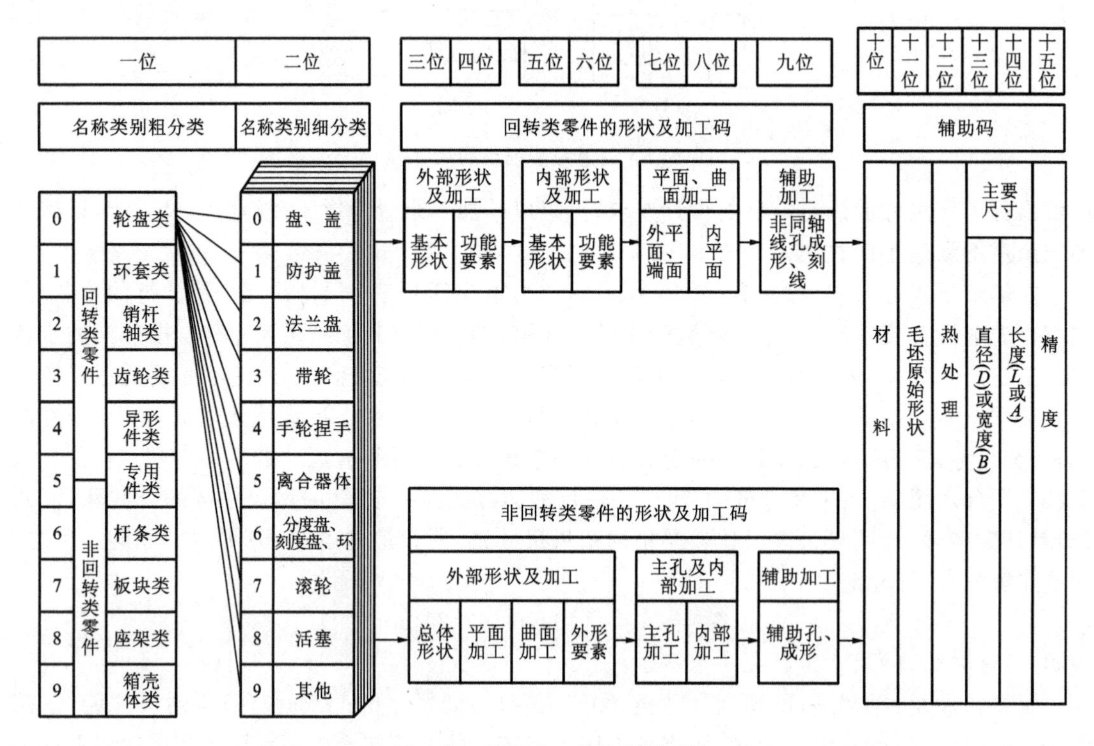

图4-22　JLBM-1分类编码系统

3) 成组工艺

(1) 划分零件族(组)　可采用特征码位法、码域法或特征位码域法，获得零件组。

(2) 拟订零件组的工艺过程　成组工艺针对零件组设计，适用于零件组中的每一个零件。首先设计一个能集中反映该组零件全部结构特征和工艺特征的综合零件；然后制定出综合零件的工艺过程，作为该零件组的成组工艺过程。

4) 机床的选择与布置

成组加工所用机床应具有良好的精度和刚度，加工范围可调。

机床的负荷率可根据加工工时进行核算，并达到规定的指标。

成组加工机床的布置方式：①成组单机；②成组生产单元；③成组生产流水线。

5）推广应用成组技术的效益

实施成组技术所能取得的效益是多方面的，具体见图4-23。

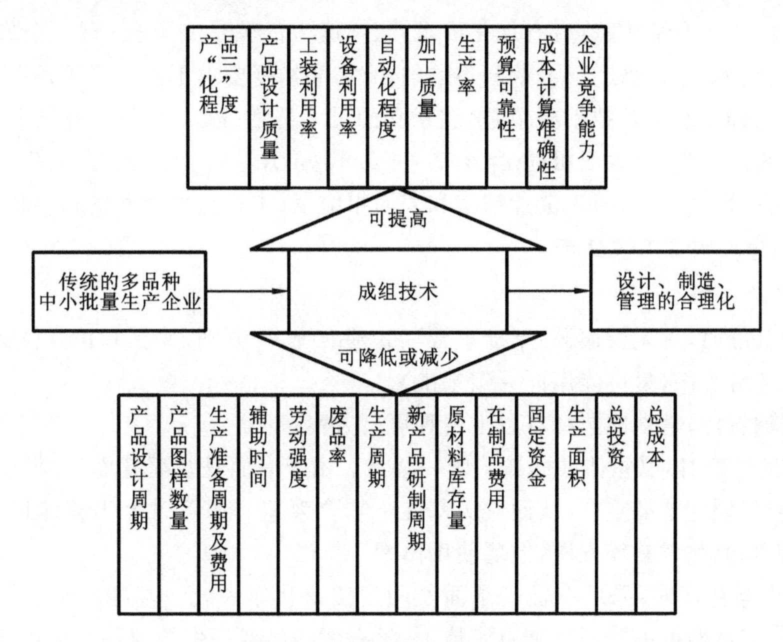

图4-23　实施成组技术的效益

2. CAPP(**计算机辅助机械加工工艺规程设计**)

1）样件法CAPP系统

获得具体零件工艺规程的基本思路：在成组技术的基础上，将编码相同或相近的零件组成零件组(族)，并设计一个能集中反映该组零件全部结构特征和工艺特征的主样件(综合零件)，然后按主样件设计适合本生产厂生产条件的典型工艺规程，并存储于计算机中。所有主样件典型工艺规程文件的集合组成CAPP的基础数据库。当需要编制某一零件的工艺规程时，计算机根据输入的零件信息，自动识别所属的零件组，然后检索并调用该零件组的主样件典型工艺文件，对典型工艺文件进行编辑，形成指定零件的工艺规程。

2）创成法CAPP系统

获得具体零件工艺规程的基本思路：计算机按决策逻辑和优化公式，在不需要人工干预的条件下制定出合理的工艺规程，并与CAD或自动绘图系统连接，输出设计结果。

创成法CAPP系统一般比较复杂，完全自动、通用的创成法CAPP系统目前仍停留在理论研究和简单应用阶段。

3）管理型CAPP系统

管理型CAPP系统的实施步骤：①需求分析；②总体规划；③软件实施与培训；④定制开发。

4.3.9 箱体类零件加工工艺分析

1. 箱体类零件的结构特点及主要技术要求

箱体类零件的主要结构特点：有加工要求严、难度大的轴承支承孔；有一个或数个基准面及一些支承面；结构一般比较复杂，壁厚不均匀；有许多精度要求不高的紧固用孔。

普通车床主轴箱的主要技术要求：①支承孔的尺寸精度（IT6～IT7）、几何形状精度（一般不超过孔径公差的一半）及表面粗糙度（$Ra0.4 \sim 0.8\ \mu m$，$Ra1.6\ \mu m$）；②支承孔的相对位置精度；③主要平面的形状精度、相互位置精度和表面粗糙度；④孔与平面间的相互位置精度。

2. 箱体类零件加工工艺分析

1）精基准的选择

在选择精基准时，首先要遵循"基准重合"和"基准统一"原则（使具有相互位置精度要求的加工表面的大部分工序，尽可能用同一组基准）。

对车床主轴箱体，精基准选择有以下两种可行方案。

（1）中小批生产时，以箱体底面作为统一基准。由于底面是装配基面，这样就能实现定位基准、装配基准与设计基准重合，从而避免基准不重合误差。加工时由于箱体口朝上，便于观察和测量，安装和调整刀具较方便，但要使用吊架。

（2）大批大量生产时，采用主轴箱顶面及两定位销孔作为统一基准。由于加工时箱体口朝下，中间导向支承架可以紧固在夹具座体上，没有使用吊架产生的问题。但由于主轴箱顶面不是装配基面，定位基准与装配基准（设计基准）不重合，会增加定位误差。

2）粗基准的选择

要求：应能保证重要加工表面（主轴支承孔）的加工余量均匀；应保证装入箱体中的轴、齿轮等零件与箱体内壁各表面间有足够的间隙；应保证加工后的外表面与不加工的内壁之间壁厚均匀以及定位、夹紧牢固可靠。

通常选择主轴孔和与主轴孔相距较远的一个轴孔作为粗基准。生产批量较大时采用夹具装夹，以保证获得较高的生产效率；批量小时可采用划线找正，以保证加工余量的均匀性等。

3）工艺过程的拟订

拟订箱体类零件工艺过程时应遵循的原则：①"先面后孔"的原则；②粗精分开、先粗后精的原则。

主要表面加工方法的选择：平面的粗加工和半精加工一般采用刨削、铣削和车削，精加工可采用刮研、精刨或磨削。精度较高的轴承支承孔，一般采用"钻→扩→粗铰→精铰"或"镗→半精镗→精镗"的工艺方案进行加工。

车床主轴箱体的工艺过程，按照生产类型的不同而有不同的方案，分别见教材表 4-13 和表 4-14。

4.3.10　装配工艺规程设计

1. 概述

1）装配的概念

按照规定的技术要求，将零件或部件进行配合和连接，使之成为成品或半成品的工艺过程称为装配。

2）装配工作的主要内容

①清洗；②连接；③校正、调整与配作；④平衡；⑤验收试验。

3）装配精度与装配尺寸链

产品的装配精度是装配后实际达到的精度，包括：零件间的距离精度(零件间的尺寸精度、配合精度、运动副的间隙、侧隙等)、位置精度(相关零件间的平行度、垂直度等)、接触精度(配合、接触、连接表面间规定的接触面积及其分布等)、相对运动精度(有相对运动的零部件间在运动方向和运动位置上的精度等)。

机器由零部件组装而成，机器的装配精度与零部件制造精度直接相关。这一关系通过装配尺寸链体现。

确定或查找装配尺寸链组成环的方法：以封闭环两端的两个零件为起点，沿着装配精度要求的位置方向，以相邻零件装配基准间的联系为线索，分别由近及远地去查找装配关系中影响装配精度的有关零件尺寸，直到找到同一基准件或基础件的两个装配基准为止。用一尺寸联系这两个装配基准面，形成封闭的尺寸图形。

2. 装配方法

常用的装配方法有：互换装配法、分组装配法、调整装配法和修配装配法。

1）互换装配法

采用互换装配法时，被装配的每一个零件不需经任何挑选、修配和调整就能达到规定的装配精度要求，也就是说，装配精度主要取决于零件的制造精度。

(1) 完全互换装配法。

例4-10　图4-24所示为某双联转子泵(摆线齿轮泵)轴向装配关系简图。已知装配间隙要求为$A_0=0.05\sim0.15$ mm，各组成环的基本尺寸为：$A_1=41$ mm；$A_2=A_4=17$ mm；$A_3=7$ mm。试按极值法确定各组成零件有关尺寸的公差及上、下偏差。

解　① 装配尺寸链简图如图4-24所示，封闭环为$A_0=0^{+0.15}_{+0.05}$ mm，尺寸链方程为

$$A_0 = A_1 - A_2 - A_3 - A_4$$

② 根据封闭环公差按照等公差法初算各组成环的平均公差。

$$T_{avA} = T_0/(n-1) = (0.15-0.05)/(5-1) = 0.025\ \text{mm}$$

③ 选择协调环。考虑到组成环A_2、A_3、A_4均可用平面磨削方法来保证尺寸精度，其公差比较一致也容易确定，故选择A_1作为协调环。

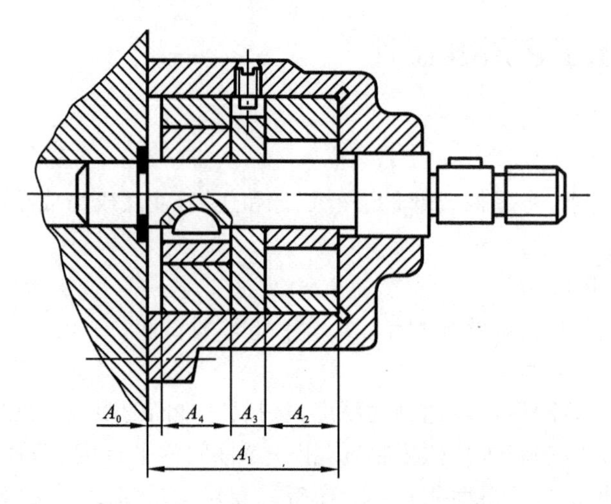

图 4-24 双联转子泵轴向装配关系简图

④ 确定各组成环的公差。取 $T_2=T_4=0.018$ mm；$T_3=0.015$ mm。则协调环公差为

$$T_1 = T_0 - (T_2 + T_3 + T_4) = 0.1 - (0.018 + 0.015 + 0.018)\ \text{mm} = 0.049\ \text{mm}$$

⑤ 确定各组成环零件的上、下偏差。将组成环 A_2、A_3 和 A_4 的偏差按“入体原则”标注：

$$A_2 = A_4 = 17_{-0.018}^{\ 0}\ \text{mm},\quad A_3 = 7_{-0.015}^{\ 0}\ \text{mm}$$

⑥ 计算协调环 A_1 的上、下偏差。

$$\begin{aligned}\mathrm{ES}_1 &= \mathrm{ES}_0 + \mathrm{EI}_2 + \mathrm{EI}_3 + \mathrm{EI}_4 = [0.15 + (-0.018) + (-0.015) + (-0.018)]\ \text{mm}\\ &= +0.099\ \text{mm}\end{aligned}$$

$$\mathrm{EI}_1 = \mathrm{ES}_1 - \mathrm{T}_1 = (0.099 - 0.049)\ \text{mm} = +0.050\ \text{mm}$$

所以，$A_1=41_{+0.050}^{+0.099}$ mm。

完全互换装配法的优点是：装配质量稳定可靠；装配过程简单，装配效率高；易于实现自动装配；产品维修方便。不足之处是：当装配精度要求较高，尤其是在组成环数较多时，组成环的制造公差规定得较严，零件制造困难，加工成本高。完全互换装配法适用于在成批大量生产中装配那些组成环数较少或组成环数虽多但装配精度要求不高的机器结构。

（2）统计互换装配法。

统计互换装配法又称不完全互换装配法，其实质是将组成环的制造公差适当放大，使零件容易加工，这会使极少数产品的装配精度超出规定要求，但这种事件是小概率事件，很少发生，从总的经济效果分析，仍然是经济可行的。

例 4-11 已知条件与例 4-10 相同，若各尺寸误差均服从正态分布，分布中心与公差带中心重合，即 $k_0= k_1= k_2= k_3= k_4=1$，$\alpha_0=\alpha_1=\alpha_2=\alpha_3=\alpha_4=0$。试以统计互换装配法解算各组成环的公差和极限偏差。

解 ① 校核封闭环基本尺寸 A_0。

$$A_0 = A_1 - (A_2 + A_3 + A_4) = [41 - (17 + 17 + 7)]\ \text{mm} = 0$$

② 计算封闭环公差 T_0。

$$T_0 = (0.15 - 0.05)\ \text{mm} = 0.10\ \text{mm}$$

③ 计算各组成环的平均公差 $T_{\text{avq}A}$。

已知 $|\xi_i| = 1, k_0 = k_1 = k_2 = k_3 = k_4 = 1$，代入式

$$T_0 = \frac{1}{k_0}\sqrt{\sum_{i=1}^{m}\xi_i^2 k_i^2 T_i^2} = \sqrt{m T_{\text{avq}A}^2}$$

得

$$T_{\text{avq}A} = T_0 / \sqrt{m} = 0.10 / \sqrt{4} = 0.05\ \text{mm}$$

与极值法计算得到的各组成环平均公差 $T_{\text{av}A} = 0.025$ mm 相比，$T_{\text{avq}A}$ 放大了 100%，组成环的制造变得容易了。

④ 确定 A_1、A_2、A_3、A_4 的制造公差。仍取 A_1 为协调环，以组成环平均公差为基础，参考各组成环尺寸大小和加工难易程度，确定各组成环制造公差。因 $T_{\text{avq}A}$ 接近于各组成环的 IT9，本例按 IT9 确定 $A_2 \sim A_4$ 的公差。查公差标准得

$$T_2 = T_4 = 0.043\ \text{mm}, \quad T_3 = 0.036\ \text{mm}$$

由式(4-1)，得

$$T_1 = \sqrt{T_0^2 - T_2^2 - T_3^2 - T_4^2} = \sqrt{0.10^2 - 0.043^2 \times 2 - 0.036^2}\ \text{mm} \approx 0.071\ \text{mm}$$

T_1 与 IT9 的公差相近，因此，将 A_1 的公差按 IT9 确定为

$$T_1 = 0.062\ \text{mm}$$

⑤ 确定各组成环的上、下偏差。按“入体原则”取 $A_2 = A_4 = 17$ mm，$A_3 = 7$ mm。封闭环的中间偏差

$$\Delta_0 = \sum_{i=1}^{m}\xi_i(\Delta_i + \alpha_i T_i / 2)$$

已知 $\xi_1 = 1, \xi_2 = \xi_3 = \xi_4 = -1, \alpha_1 = \alpha_2 = \alpha_3 = \alpha_4 = 0$，代入上式得

$$\Delta_0 = \Delta_1 - \Delta_2 - \Delta_3 - \Delta_4 \Rightarrow$$

$$\Delta_1 = \Delta_0 + \Delta_2 + \Delta_3 + \Delta_4 = [0.10 + (-0.0215) \times 2 + (-0.018)]\ \text{mm} = 0.039\ \text{mm}$$

A_1 的极限偏差为

$$\text{ES}_1 = \Delta_1 + T_1/2 = (0.039 + 0.062/2)\ \text{mm} = +0.070\ \text{mm}$$

$$\text{EI}_1 = \Delta_1 - T_1/2 = (0.039 - 0.062/2)\ \text{mm} = +0.008\ \text{mm}$$

于是

$$A_1 = 41^{+0.070}_{+0.008}\ \text{mm}$$

⑥ 校核封闭环。封闭环公差为

$$T_0 = \sqrt{T_1^2 + T_2^2 + T_3^2 + T_4^2} = \sqrt{0.062^2 + 0.043^2 \times 2 + 0.036^2}\ \text{mm} \approx 0.094\ \text{mm}$$

极限偏差为

$$ES_0 = \Delta_0 + T_0/2 = (0.10 + 0.094/2)\ \text{mm} = 0.147\ \text{mm}$$

$$EI_0 = \Delta_0 - T_0/2 = (0.10 - 0.094/2)\ \text{mm} = 0.053\ \text{mm}$$

所以

$$A_0 = 0^{+0.147}_{+0.053}\ \text{mm}$$

符合规定的装配间隙要求。

各组成环尺寸为

$$A_1 = 41^{+0.070}_{+0.008}\ \text{mm},\quad A_2 = A_4 = 17^{\ 0}_{-0.043}\ \text{mm},\quad A_3 = 7^{\ 0}_{-0.036}\ \text{mm}$$

统计互换装配法的优点是:扩大了组成环的制造公差,零件制造成本低;装配过程简单,生产率高。不足之处是:装配后有极少数产品达不到规定的装配精度要求,需采取另外的返修措施。统计互换装配法适用于在大批大量生产中装配那些装配精度要求较高且组成环数又多的机器结构。

2) 分组装配法

在大批大量生产中,装配那些精度要求特别高,同时又不便于采用调整装置的部件,若采用互换装配法,会造成组成环的制造公差过小,加工很困难或很不经济,此时可以采用分组装配法。

采用分组装配法时,将组成环的公差按完全互换法的极值法所求得的值放大数倍(一般为2～6倍),使其能按经济加工精度制造,然后对零件按公差进行测量和分组,再按对应组号进行装配,以满足原定的装配精度要求。由于同组零件可以互换,故又称分组互换法。

现以汽车发动机活塞销孔与活塞销的分组装配为例来说明分组装配法的原理与方法。

在汽车发动机中,活塞销和活塞销孔的配合要求是很高的,图4-25(a)所示为某厂汽车发动机活塞销1与活塞3销孔的装配关系,销子和销孔的基本尺寸为$\phi 28$ mm,在冷态装配时要求有0.0025～0.0075 mm的过盈量。若按完全互换法装配,需将封闭环公差$T_0 = 0.0075\ \text{mm} - 0.0025\ \text{mm} = 0.0050\ \text{mm}$均等地分配给活塞销$d$($d = \phi 28^{\ 0}_{-0.0025}$ mm)与活塞销孔D($D = \phi 28^{-0.0050}_{-0.0075}$ mm),制造这样精确的销孔和销子是很困难的,也是不经济的。生产上常用分组装配法来保证上述装配精度要求,方法如图4-25所示。将活塞和活塞销孔的制造公差同向放大为原来的4倍,让$d = \phi 28^{\ 0}_{-0.010}$ mm,$D = \phi 28^{-0.005}_{-0.015}$ mm;然后在加工好的一批工件中,用精密量具测量,将销孔直径D和销子直径d按尺寸从大到小分成4组,分别涂上不同颜色的标记;装配时让具有相同颜色标记的销子与销孔相配,即让大销子配大销孔、小销子配小销孔,保证达到上述装配精度要求。

采用分组法装配最好能使两相配件的尺寸分布曲线具有完全相同的对称分布曲线,如果尺寸分布曲线不相同或不对称,则将造成各组相配零件数不等而不能完全配套,造成浪费。

采用分组法装配时,零件的分组数不宜太多,否则会因零件测量、分类、保管、运输工作量的增大而使生产组织工作变得相当复杂。

分组装配法的主要优点:零件的制造精度不高,但却可获得很高的装配精度;组内零件可

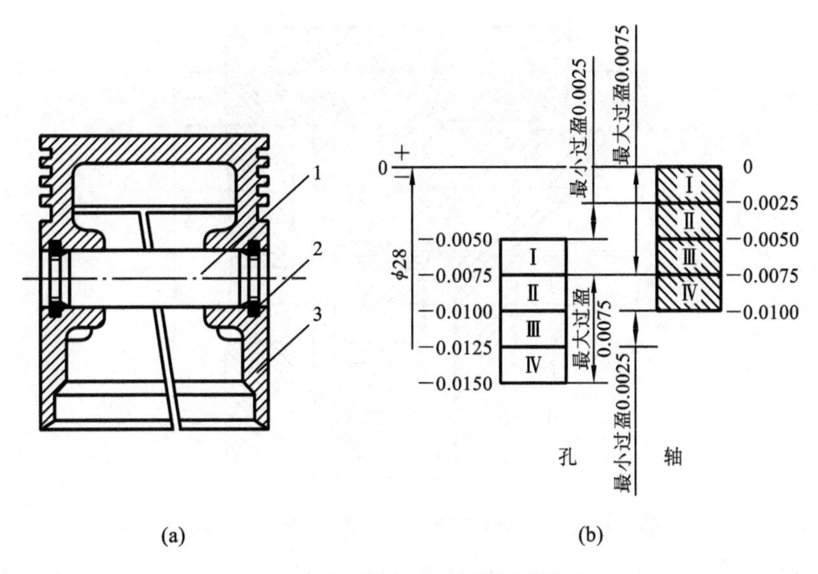

图 4-25 活塞销与活塞的装配关系

以互换,装配效率高。不足之处:增加了零件测量、分组、存储、运输的工作量。

分组装配法适于在大批大量生产中装配那些组成环数少而装配精度又要求特别高的机器结构。

3) 修配装配法

基本原理:修配装配法就是将尺寸链中各个组成环零件的公差放大到经济可行的程度去制造,这样,在装配时封闭环上的累积误差必然超过规定的公差,为了达到规定的装配精度要求,可选尺寸链中的某一零件作为补偿环(亦称修配环),通过修配补偿零件尺寸的办法来达到装配精度。

特点:在较大范围内放大组成环的公差,仍然可以保证达到很高的装配精度,因此对于装配精度要求较高的多环尺寸链特别适用。但是,由于对修配工人的技术水平要求较高,且每个产品的修配量不一致,该方法只适用于单件小批量生产。

在采用修配法装配时,要求修配环必须留有足够但又不是太大的修配量。

例 4-12 图 4-26 是车床溜板箱齿轮与床身齿条的装配结构,为保证车床溜板箱沿床身导轨移动平稳灵活,要求溜板箱齿轮与固定在床身上的齿条间在垂直平面内必须保证有 0.17～0.28 mm 的啮合间隙。从分析影响齿轮、齿条啮合间隙 A_0 的有关尺寸入手,可以建立如图 4-26所示装配尺寸链。已知 $A_1=53$ mm,$A_2=25$ mm,$A_3=15.74$ mm,$A_4=71.74$ mm,$A_5=22$ mm。要求 $A_0=0^{+0.28}_{+0.17}$ mm,试确定修配环尺寸并验算修配量。

解 (1) 尺寸链方程:$A_0=A_4+A_5-A_1-A_2-A_3$;选择修配环:A_2。

(2) 确定组成环极限偏差。按加工经济精度确定各组成环公差,并按“入体原则”确定极限

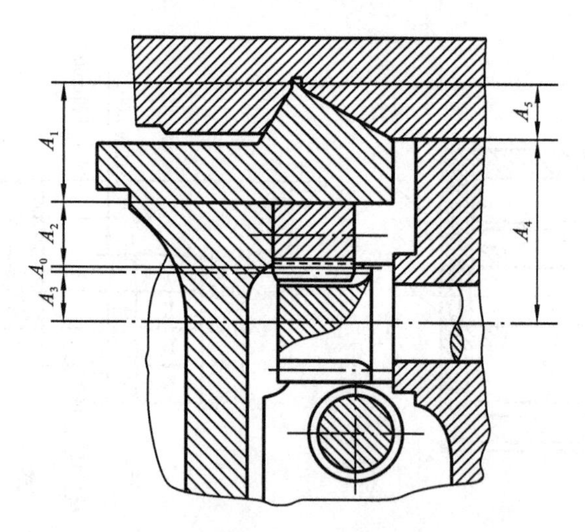

图 4-26　车床溜板箱齿轮与床身齿条的装配结构

偏差，得 $A_1=53\text{h}10\ \text{mm}=53_{-0.12}^{\ 0}\ \text{mm}$，$A_3=15.74\text{h}11\ \text{mm}=15.74_{-0.055}^{\ 0}\ \text{mm}$，$A_4=71.74\text{js}11\ \text{mm}=71.74\pm0.095\ \text{mm}$，$A_5=22\text{js}11\ \text{mm}=22\pm0.065\ \text{mm}$，并设 $A_2=25_{\ 0}^{+0.13}\ \text{mm}$。

(3) 计算封闭环极限尺寸 $A_{0\max}$、$A_{0\min}$。

$$
\begin{aligned}
A_{0\max}&=A_{4\max}+A_{5\max}-A_{1\min}-A_{2\min}-A_{3\min}\\
&=[(71.74+0.095)+(22+0.065)-(53-0.12)-(25+0)-(15.74-0.055)]\ \text{mm}\\
&=0.335\ \text{mm}
\end{aligned}
$$

$$
\begin{aligned}
A_{0\min}&=A_{4\min}+A_{5\min}-A_{1\max}-A_{2\max}-A_{3\max}\\
&=[(71.74-0.095)+(22-0.065)-(53+0)-(25+0.13)-(15.74-0)]\ \text{mm}\\
&=-0.29\ \text{mm}
\end{aligned}
$$

所以，$A_0=0_{-0.290}^{+0.335}\ \text{mm}$。显然，$A_0$ 不符合要求，需要通过修配 A_2 来使装配精度达到要求。

(4) 确定修配环尺寸 A_2。当齿条相对于齿轮的啮合间隙大于 0.28 mm 时，将无法通过修配组成环 A_2 来使装配精度达到要求，而计算出的最大间隙为 0.335 mm，所以应该调整修配环 A_2 的基本尺寸，以使最大间隙不大于 0.28 mm。

因为 $\Delta A_2=(0.335-0.28)\ \text{mm}\approx0.06\ \text{mm}$，所以修配环基本尺寸 $A_2=25+\Delta A_2=25.06\ \text{mm}$。

(5) 验算修配量。调整 A_2 后，$A_0=0_{-0.350}^{+0.275}\ \text{mm}$，所以最小修配量为 0，最大修配量为

$$K_{\max}=(0.35+0.17)\ \text{mm}=0.52\ \text{mm}$$

这表明修配量是合适的。

修配装配法的主要优点是：组成环均能以加工经济精度制造，但却可获得很高的装配精度。不足之处是：增加了修配工作量，生产效率低；对装配工人的技术水平要求高。

4) 调整装配法

调整装配法的实质就是放大组成环的公差，使各组成环按经济加工精度制造。由于每个

组成环的公差都较大，其装配精度必然超差。为了保证装配精度，可改变其中一个组成环（补偿环）的位置或尺寸来补偿这种影响。调整装配法又可分为可动调整法和固定调整法两种。

（1）可动调整法就是改变可动补偿件的位置，来达到装配精度的方法。这种方法在机械制造中应用较多。常用的调整件有螺钉、螺母和楔等。

（2）在以装配精度要求为封闭环建立的装配尺寸链中，组成环均按加工经济精度制造，由于扩大组成环制造公差累积造成的封闭环过大的误差，通过更换不同尺寸的固定调整环进行补偿，达到装配精度要求。通常使用的调整件有垫圈、垫片、轴套等零件。

例 4-13 图 4-27 所示双联齿轮装配后要求轴向具有间隙 $A_0=0^{+0.20}_{+0.05}$ mm，已知 $A_1=115$ mm，$A_2=8.5$ mm，$A_3=95$ mm，$A_4=2.5$ mm，$A_5=9$ mm，试以固定调整装配法解算各组成环的极限偏差，并求调整环的分组数和调整环尺寸系列。

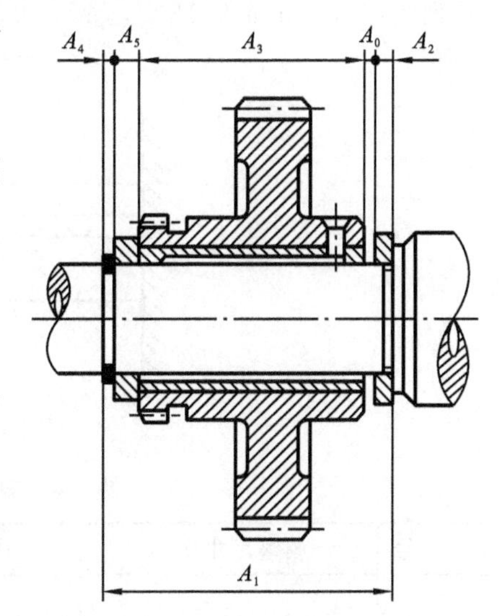

图 4-27 车床主轴双联齿轮装配结构图

解 ① 建立以装配精度为封闭环的装配尺寸链 如图 4-27 所示，尺寸链方程为

$$A_0=A_1-A_2-A_3-A_4-A_5。$$

② 选择调整环 选择加工比较容易，装卸比较方便的组成环 A_5 作为调整环。

③ 确定组成环公差 按加工经济精度规定，除 A_1 外的各组成环公差按“入体原则”确定极限偏差：$A_2=8.5_{-0.10}^{0}$ mm，$A_3=95_{-0.10}^{0}$ mm，$A_4=2.5_{-0.12}^{0}$ mm，$A_5=9_{-0.03}^{0}$ mm。A_0 已知，所以组成环 A_1 的下偏差可以由尺寸链方程计算出来，即

$$\mathrm{EI}_1=\mathrm{EI}_0+\mathrm{ES}_2+\mathrm{ES}_3+\mathrm{ES}_4+\mathrm{ES}_5=(0.05+0+0+0+0)\ \mathrm{mm}=+0.05\ \mathrm{mm}$$

为便于加工，令 A_1 的公差为 0.15 mm，于是 $A_1=115^{+0.20}_{+0.05}$ mm。

④ 确定调整范围 δ 在未装入调整环 A_5 之前，先实测齿轮断面轴向间隙 A 的大小，$A=A_5+A_0$，A 的变动范围就是所要求的调整范围 δ。

$$\begin{aligned}A_{\max}&=A_{1\max}-A_{2\min}-A_{3\min}-A_{4\min}\\&=[(115+0.20)-(8.5-0.10)-(95-0.10)-(2.5-0.12)]\ \mathrm{mm}\\&=9.52\ \mathrm{mm}\end{aligned}$$

$$\begin{aligned}A_{\min}&=A_{1\min}-A_{2\max}-A_{3\max}-A_{4\max}\\&=[(115+0.05)-(8.5+0)-(95+0)-(2.5+0)]\ \mathrm{mm}\\&=9.05\ \mathrm{mm}\end{aligned}$$

所以，$$\delta=A_{\max}-A_{\min}=(9.52-9.05)\ \mathrm{mm}=0.47\ \mathrm{mm}。$$

⑤ 确定调整环的分组数 i。

$$i=\frac{\delta}{\Delta}=\frac{\delta}{T_0-T_5}=\frac{0.47}{0.15-0.03}\approx 4$$

⑥ 确定调整环A_5的尺寸系列　当实测间隙A出现最小值A_{min}时，在装入一个最小基本尺寸的调整环A'_5后，应能保证齿轮轴向具有装配精度要求的最小间隙值($A_{0min}=+0.05$ mm)，如图 4-28 所示，且

$$A'_5=A_{min}-A_{0min}=(9.05-0.05)\ mm=9\ mm$$

以此为基础，再依次加上一个尺寸间隙Δ($\Delta=T_0-T_5=0.12$ mm)，便可求得调整环A_5的尺寸系列为：$9_{-0.03}^{0}$ mm、$9.12_{-0.03}^{0}$ mm、$9.24_{-0.03}^{0}$ mm、$9.36_{-0.03}^{0}$ mm。各调整环的适用范围如表 4-4 所示。

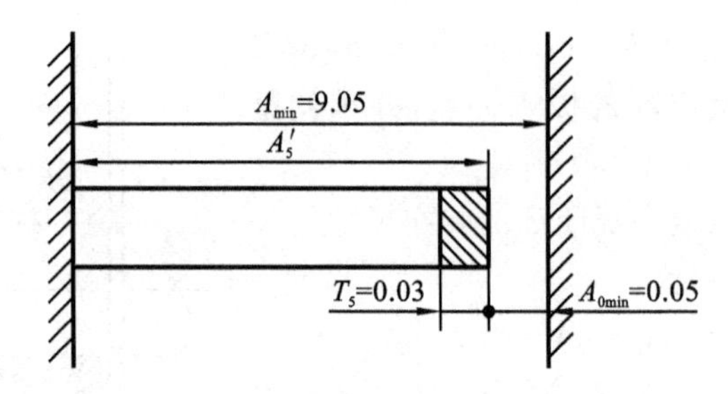

图 4-28　装配尺寸关系图

表 4-4　调整环尺寸系列及其适用范围

编　号	调整尺寸/mm	适用的间隙 A/mm	调整后的实际间隙/mm
1	$9_{-0.03}^{0}$	9.05～9.17	0.05～0.20
2	$9.12_{-0.03}^{0}$	9.17～9.29	0.05～0.20
3	$9.24_{-0.03}^{0}$	9.29～9.41	0.05～0.20
4	$9.36_{-0.03}^{0}$	9.41～9.52	0.05～0.19

固定调整装配法适用于大批大量生产中装配那些装配精度要求较高的机器结构。

(3) 误差抵消调整法：在机器装配中，通过调整被装零件的相对位置，使加工误差相互抵消，可以提高装配精度，这种装配方法称为误差抵消调整法，在机床装配中应用较多。例如：在车床主轴装配中通过调整前后轴承的径向跳动方向来控制主轴的径向跳动；在滚齿机工作台分度蜗轮装配中，采用调整蜗轮和轴承的偏心方向来抵消误差，以提高分度蜗轮的工作精度。

调整装配法的特点：扩大了组成环尺寸公差，制造容易，装配时不用修配就能达到很高的装配精度，容易组织流水生产；使用过程中可以定期改变可动调整件的位置或更换固定调整件来恢复部件原有的装配精度。

调整装配法的缺点：增加了调整件，相应增加了加工费用，但由于其他组成环公差放大，整体上还是经济的。

3. 装配工艺规程设计

装配工艺规程是指导装配生产的技术文件，是制定装配生产计划、组织装配生产以及设计装配工艺的主要依据。

1）制定步骤和内容

(1) 确定装配的组织形式。

① 固定式装配：所有零部件汇集在工作地点附近，产品在固定工作地点进行装配。

② 移动式装配：将产品或部件置于装配线上，从一个工作地移动到另一个工作地，在每个工作地采用专用设备和工夹具重复完成固定的装配工序的装配方式。该方式的装配效率较高，又分为自由式移动装配和强制式移动装配两种。

(2) 划分装配单元，确定装配顺序，绘制装配工艺系统图。

装配单元：零件、组件、部件。零件是组成产品的基本单元。

安排装配顺序的原则：先下后上，先内后外，先难后易，先精密后一般。

床身部件装配工艺系统图参见教材。

(3) 划分装配工序，进行工序设计。

① 选择基准零件、组件、部件，划分装配工序，确定工序内容；

② 确定各工序所需设备及工具，如需专用夹具与设备，需提交设计任务书；

③ 制定各工序装配操作规范；

④ 制定各工序装配质量要求与检验方法；

⑤ 确定各工序的时间定额，平衡各工序的装配节拍；

⑥ 确定产品检测和试验方法等。

2）编制装配工艺文件

单件小批生产：绘制装配工艺系统图。

成批生产：绘制装配工艺系统图，编制部装、总装工艺卡，按工序标明工序工作内容、设备名称、工夹具名称与编号、工人技术等级、时间定额等。

大批量生产：不仅要编制装配工艺卡，还要编制装配工序卡，指导工人做装配工作。此外，还应按产品装配要求，制定检验卡、试验卡等工艺文件。

4.4 自 测 题

4-1 什么是机械加工工艺规程？工艺规程在生产中起何作用？

4-2 什么是工序、安装、工位、工步、走刀？

4-3 何谓生产纲领？它与生产类型之间是什么关系？

4-4 何谓零件的结构工艺性？

4-5 为什么机械加工工艺过程通常要划分加工阶段？

4-6　工序集中与工序分散各有什么特点?

4-7　安排切削加工工序的原则有哪些?

4-8　试分析下列情况的定位基准:

(1) 浮动铰刀铰孔;(2)珩磨连杆大头孔;(3)浮动镗刀镗孔;(4)磨削床身导轨面;(5)无心磨外圆;(6)拉孔。

4-9　举例说明粗、精基准的选择原则。

4-10　如何判断尺寸链的封闭环?

4-11　如图 4-29 所示为普通车床尾座套筒部件装配图,要求盖 1 在顶尖套筒 2 上固定后,螺母 3 在套筒 2 内的轴向窜动量不得大于 0.5 mm。已知 $A_1=60$ mm,$A_2=57$ mm,$A_3=3$ mm,试按等精度法求各组成环的上下偏差。

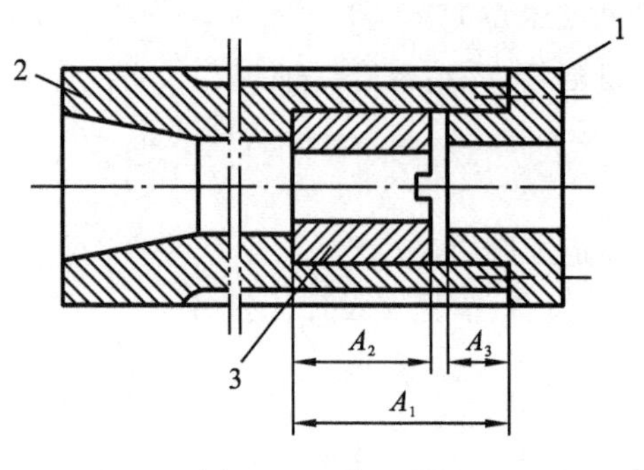

图 4-29　题 11 图

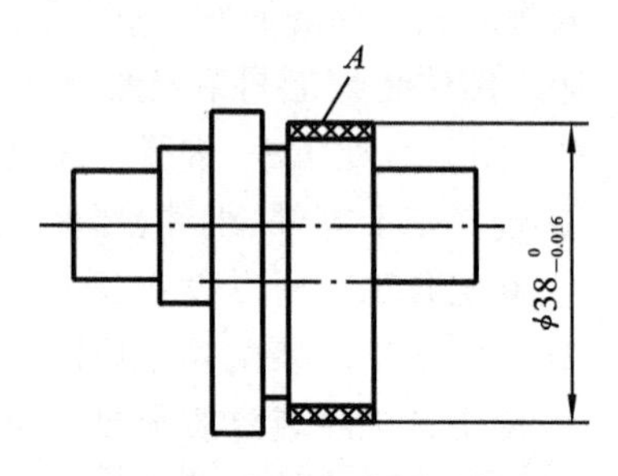

图 4-30　题 12 图

4-12　图 4-30 所示偏心轴零件的 A 表面需进行渗碳处理,渗碳层深度要求为 0.8～0.5 mm。零件上与此有关的加工过程如下:

(1) 精车 A 面,保证尺寸 $\phi 38.4_{-0.1}^{\ 0}$ mm;

(2) 渗碳处理,控制渗碳层深度为 t;

(3) 精磨 A 面,保证尺寸 $\phi 38.0_{-0.016}^{\ 0}$ mm,同时保证渗碳层深度达到规定要求。

试确定 t 的数值。

4-13　什么是加工余量?

4-14　何谓工序单件时间?

4-15　何谓工序单件时间的平衡?

4-16　什么是生产成本、工艺成本?

4-17　保证装配精度的尺寸链解算方法有哪些?各适用于什么场合?

非传统加工与先进制造技术

5.1 主 要 内 容

非传统加工技术;微细制造技术;超精密加工技术;柔性制造自动化技术与系统;先进生产模式。

5.2 学 习 要 求

5.2.1 学习要求

(1) 掌握各种非传统加工与先进制造技术的概念与特点。

(2) 了解各种非传统加工与先进制造技术的产生背景(起源)、基本原理、所用设备与工艺范围。

5.2.2 学习重点与难点

(1) 非传统加工的种类和工作原理,先进生产模式的起源与概念。

(2) 非传统加工、超精密加工的特点。

5.3 要 点 归 纳

5.3.1 非传统加工技术

非传统加工又称特种加工,是利用化学、物理(电、声、光、热、磁)或电化学方法对工件材料进行加工的一系列加工方法的总称。

非传统加工方法包括:化学加工(CHM)、电化学加工(ECM)、电化学机械加工(ECMM)、电火花加工(EDM)、电接触加工(RHM)、超声波加工(USM)、激光束加工(LBM)、离子束加工(IBM)、电子束加工(EBM)、等离子体加工(PAM)、电液加工(EHM)、磨料流加工(AFM)、磨料喷射加工(AJM)、液体喷射加工(HDM)及各类复合加工等。

与传统切削、磨削加工方法相比，非传统加工方法具有以下特点。

(1) 主要依靠除机械能以外的其他能量(如电能、光能、声能、热能、化学能等)去除材料。

(2) 由于工具不受显著切削力的作用，对工具和工件的强度、硬度和刚度均没有严格的要求。

(3) 由于没有明显的切削力的作用，一般不会产生加工硬化现象；又由于工件加工部位变形小，发热少，或发热仅局限于工件表层加工部位很小的区域内，工件热变形小，由加工产生的应力也小，易于获得好的加工质量，且可在一次安装中完成工件的粗、精加工。

(4) 加工中能量易于转换和控制，有利于保证加工精度和提高加工效率。

(5) 采用非传统加工方法去除材料的速度，一般低于采用常规加工方法去除材料的速度。

1. 电火花加工

电火花加工是利用工具阳极和工件阴极间瞬时火花放电所产生的高温熔蚀工件表面材料来实现加工的。

电火花加工机床分为用特殊形状的电极工具加工相应工件的电火花成形机床和用线电极加工二维轮廓形状的电火花线切割机床两种类型。

电火花加工的应用范围很广：既可以加工各种硬、脆、韧、软和高熔点的导电材料，也可以在满足一定条件的情况下加工半导体材料及非导电材料；既可以加工各种型孔、曲线孔和微小孔，也可以加工各种立体曲面型腔；既可以用来进行切断、切割，也可以用来进行表面强化、刻写、打印铭牌和标记等。

2. 电解加工

电解加工是利用金属在电解液中产生阳极溶解的电化学原理对工件进行成形加工的一种方法。

电解加工的原理：工件接直流电源正极，工具接负极，两极之间保持狭小间隙(0.1～0.8 mm)。具有一定压力(0.5～2.5 MPa)的电解液从两极间的间隙中高速(15～60 m/s)流过。当工具阴极向工件不断进给时，在面对阴极的工件表面上，金属材料按阴极型面的形状不断溶解，电解产物被高速电解液带走，于是工具型面的形状就相应地“复印”在工件上。

电解加工特点：①工作电压小(6～24 V)，工作电流大(500～2000 A)；②能以简单的进给运动一次加工出形状复杂的型面或型腔；③可加工难加工材料；④生产率较高，约为电火花加工的 5～10 倍；⑤加工中无机械切削力或切削热，适于易变形或薄壁零件的加工；⑥平均加工公差可达±0.1 mm 左右；⑦附属设备多，占地面积大，造价高；⑧电解液既腐蚀机床，又容易污染环境。

电解加工主要用于加工型孔、型腔、复杂曲面、小直径深孔、膛线，以及进行去毛刺、刻印等。

3. 激光加工

激光加工通过光学系统将激光聚焦成一个极小的光斑，从而获得极高的能量密度（10^7～10^{10} W/cm^2）和极高的温度（10000 ℃以上），将工件材料瞬时急剧熔化和蒸发，并产生强烈的冲击波，使熔化的物质爆炸式地喷射去除，实现对工件材料的加工。

激光加工的特点：①不需要加工工具；②激光束的功率密度很高，几乎对任何难加工的金属和非金属材料都可以加工；③激光加工是非接触加工，工件无受力变形；④激光打孔、切割的速度很高，加工部位周围的材料几乎不受切削热的影响，工件热变形很小；⑤激光切割的切缝窄，切割边缘质量好。

激光加工广泛用于金刚石拉丝模、钟表宝石轴承、发散式气冷冲片的多孔蒙皮、发动机喷油嘴、航空发动机叶片等的小孔加工，以及多种金属材料和非金属材料的切割加工，包括大规模集成电路的激光焊接、激光划片和激光热处理等。

4. 超声波加工

超声波加工是利用超声频（16～25 kHz）振动的工具端面冲击工作液中的悬浮磨料，由磨粒对工件表面撞击抛磨来实现对工件加工的一种方法。

超声波加工的特点：①能获得较好的加工质量，一般尺寸精度可达 0.01～0.05 mm，表面粗糙度值可达 Ra0.4～0.1 μm；②可将超声频振动与其他加工方法配合，起到取长补短的作用，实现对难切削材料的复合加工，如超声车削、超声磨削、超声电解加工、超声线切割等，并使加工效率、加工精度及工件表面质量显著提高。

5. 电子束加工

热加工（电子束打孔）的原理：在真空条件下，经加速和聚焦的高功率密度电子束照射在工件表面上，电子束的巨大能量几乎全部转变成热能，使工件被照射部分立即被加热到材料的熔点和沸点以上，材料局部蒸发或成为雾状粒子而飞溅，从而实现打孔加工。

化学加工的原理：功率密度相当低的电子束照射在工件表面上，几乎不会引起温升，但这样的电子束照射高分子材料时，就会由于入射电子与高分子相碰撞而使其分子链断裂或重新聚合，从而使高分子材料的分子量和化学性质发生变化，这就是电子束的化学效应。利用电子束的化学效应可以对光刻胶材料进行加工——电子束光刻。

电子束加工的应用：①不锈钢、耐热钢、合金钢、陶瓷、玻璃和宝石等难加工材料的圆孔、异型孔和窄缝的加工，可加工的最小孔径或缝宽达 0.02～0.003 mm；②焊接难熔金属、化学性能活泼的金属，以及碳钢、不锈钢、铝合金、钛合金等；③光刻加工。

6. 离子束加工

离子束加工是在真空条件下，利用惰性气体离子在电场中加速而形成的高速离子流来实现微细加工的工艺。

离子束加工是一种新兴的微细加工方法，在亚微米至纳米级精度的加工中很有发展前途。离子束加工对工件几乎没有热影响，也不会引起工件表面应力状态的改变，因而能获得很高的表面质量。

7. 快速成形

快速成形(RP)是20世纪80年代中期发展起来的一种新的制造技术，现在一般叫3D打印。比较成熟的快速成形方法有光固化法(stereo lithography，SL)、叠层制造法(laminated object manufacturing，LOM)、激光选区烧结法(selective laser sintering，SLS)、熔积成形法(fused deposition modeling，FDM)等。

快速成形具有以下优点。

(1) 能由产品的三维计算机模型直接制成实体零件，而不必设计、制造模具，因而制造周期大大缩短。

(2) 能制造任意复杂形状的三维实体零件而无须机械加工。

(3) 能借助电铸、电弧喷涂技术进一步由塑胶件制成金属模具，或者能将快速获得的塑胶件当作易熔铸模或木模，进一步浇铸金属铸件或制造砂型。

(4) 能根据计算机辅助工程软件的结果制成三维实体，作为试验模型，评判仿真分析的正确性。

5.3.2 微细制造技术

微细制造技术是制造微型机电零件和系统技术的总称，包括微细切削加工、微细磨削加工、微细电火花加工、微细蚀刻、聚焦离子束加工、电铸加工和微生物加工等，主要用于制造微型机械，包括毫米机械(大小在10 mm以下)、微米机械(大小在1 mm以下)和纳米机械(大小达到nm级)。

5.3.3 超精密加工

1. 超精密加工的概念

超精密加工的起源：1962年，美国Union Carbide公司研制成功首台超精密车床。

超精密加工的定义：在一定的发展时期，加工精度和加工表面质量达到最高水平的各种加工方法的总称。

超精密加工的概念及其与一般加工和精密加工的精度界限是相对的。

目前，在工业发达国家，一般加工是指加工精度不高于1 μm的加工技术，与此相对应，精密加工是指加工精度为1～0.1 μm、表面粗糙度小于Ra0.1～0.02 μm的加工技术，超精密加工是指加工精度高于0.1 μm、表面粗糙度小于Ra0.01 μm的加工技术。

2. 超精密加工的地位及意义

超精密加工是衡量一个国家科学技术发展水平的重要标志之一。

超精密加工在尖端科技产品和现代化武器的制造中占有重要地位。作为测量标准的所谓"原器"("标准球"、"光学平晶")、卫星的姿态轴承、大规模集成电路的硅片、计算机磁盘、复印机的硒鼓和激光打印机的多面镜等都需要进行超精密加工。

3. 超精密加工的特点、应用范围及分类

1) 超精密加工的特点

(1) 遵循精度"进化"原则;

(2) 属于微量切削(极薄切削);

(3) 影响因素众多,是一个系统工程;

(4) 与自动化技术关系密切;

(5) 综合应用各种加工方法;

(6) 加工和检测一体化。

2) 超精密加工的分类和应用范围

(1) 超精密切削加工,如金刚石刀具超精密车削、微孔钻削等;

(2) 超精密磨削加工,如超精密磨削、超精密研磨等;

(3) 超精密特种加工,如电子束加工、离子束加工及光刻加工等;

(4) 超精密复合加工,如超声研磨、机械化学抛光等。

5.3.4 柔性制造自动化技术与系统

1. 柔性制造系统产生的背景

20世纪70年代,消费多样化,使大批量生产被多品种小批量生产模式代替。为了获利,制造商必须解决:①当产品变更时,制造系统的基本设备配置不应变化;②按订单生产,在库的零部件和产品不能过多;③能在很短的时间内交货;④产品的质量高,而价格应不高于大批量生产的产品;⑤面对劳动力市场的高龄、高学历、高工资而带来的困难,制造系统应该有很高的自动化水平,并能在无人(或少人)的条件下长时间连续运行。

在上述背景下,柔性制造系统(flexible manufacturing system,FMS)诞生了。

2. 柔性制造系统的功能及适应范围

常见的柔性制造系统具有的功能:①自动制造功能;②自动交换工件和工具的功能;③自动输送工件和工具的功能;④自动保管毛坯、工件、半成品、工夹具、模具的功能;⑤自动监视功能,即刀具磨损、破损的监测,自动补偿,自动诊断等。

各种制造系统的应用范围如图5-1所示。

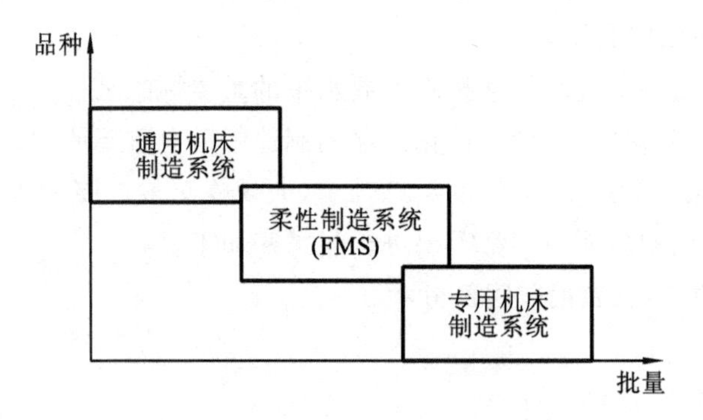

图 5-1　各种制造系统的应用范围

5.3.5　先进生产模式

1. 计算机集成制造系统(CIMS)

起源:1973 年,美国的一篇博士论文提出了计算机集成制造(computer integrated manufacturing,CIM)的制造哲理,很快被制造业所接受,并演变成一种可以实际操作的先进生产模式——计算机集成制造系统(CIMS)。

CIMS 的理想结构如图 5-2 所示。

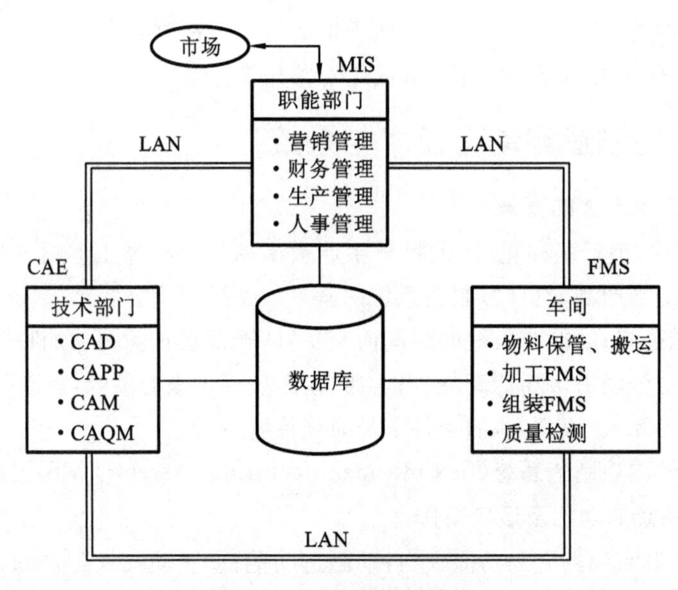

图 5-2　CIMS 的理想结构

2. 智能制造系统(intelligent manufacturing system,IMS)

略。

3. 精良生产(LP)

精良生产(lean production,LP)又译为精益生产、精简生产,它是人们在生产实践活动中不断总结、改进和完善而逐渐形成的一种先进生产模式。

精良生产的特征:①以用户为上帝;②以职工为中心;③以"精简"为手段;④综合工作组和并行设计;⑤准时(JIT)供货方式;⑥"零缺陷"工作目标。

4. 敏捷制造(AM)

起源:1991年,由里海大学牵头,由100多个单位组成的研究小组向美国国会提交的一份研究报告,首次提出了敏捷制造(agile manufacturing,AM)的思想。

1) 制造的敏捷性

制造的敏捷性是指企业快速调整自己以适应当今市场持续多变的能力。

2) 敏捷企业

敏捷企业精简了一切不必要的层次,使组织结构尽可能简化。

RRS结构可以判断企业是否敏捷——企业的诸生产要素可重构(reconfigurable)、可重用(reusable)和可扩张(scalable)。

3) 动态联盟

动态联盟(virtual organization,VO)与虚拟公司(virtual company,VC)是同一个概念,这种新的生产组织方式具有以下特点。

(1) 盟主是动态联盟的领导者。

(2) 盟员是动态联盟的基本成员。

(3) 具有显著的时限性,它随新机遇的被发现而产生,随着该机遇的逝去而解体,是为一次营运活动而组建的非永久性同盟。

(4) 同时具备虚、实两性。

(5) 具备协同性。

5.4 自 测 题

5-1 非传统加工的特点是什么?其应用范围如何?

5-2 简述集成电路微细图形光刻的工艺过程及电子束、离子束光刻的基本原理。

5-3 电火花加工的原理是什么?主要用于加工哪些零件表面?

5-4 电解加工的原理是什么?与电火花加工相比有何特点?

5-5 简述超声波加工的基本原理及其应用范围。

5-6 简述计算机集成制造系统(CIMS)的理想结构。

5-7 简述精益生产的特征。

5-8 什么是超精密加工?与一般加工相比,超精密加工有哪些特点?

模拟试题及参考答案

模拟试题一

一、名词解释(每小题 2 分,共 10 分)

1. 加工经济精度　　2. 加工余量

3. 组合机床　　4. 工步

5. 刀具耐用度

二、填空题(每小题 2 分,共 20 分)

1. 一般而言,当刀具前角 γ_0 增大时,剪切角 ϕ 随之________;当前刀面与切屑之间的摩擦角 β 增大时,ϕ 随之________。

2. 主轴回转轴线的误差运动可以分解为纯径向跳动、________和________三种基本形式。

3. 切削三要素是指金属切削过程中的背吃刀量、________和切削速度三个重要参数,总称切削用量,其中对工件表面粗糙度影响最大的是________。

4. 用 V 形块定位某轴类零件时,若工序基准选在轴的中心,则不存在________误差,但一定存在________误差。

5. 工艺系统刚度是指作用于工件加工表面________与刀具在切削力作用下相对于工件在________位移的比值。

6. 在卧式车床上车外圆时,导轨在水平面内的直线度误差对零件加工精度的影响较垂直面内的直线度误差的影响要________得多,故称________方向为车削加工的误差敏感方向。

7. 刀具磨损的原因主要有________磨损、黏结磨损、________磨损、氧化磨损、相变磨损、热电磨损和塑性变形。

8. 常用误差预防技术有合理采用先进工艺与设备、直接减少原始误差、________原始误差、均分原始误差、均化原始误差、________加工和控制误差因素等作用。

9. 某机床型号为 Y3150E,其中“Y”表示该机床为________类机床,“50”表示该机床可加工的最大工件直径为________。

10. 从保证合理的刀具寿命和提高切削加工效率出发，在确定切削用量时，一般应首先采用尽可能大的________；然后再选用较大的________；最后通过计算或查表确定切削速度。

三、简述题(每小题 5 分，共 25 分)

1. 简述粗基准的选择原则。

2. 简述万能外圆磨床应具有的成形运动及其特点。

3. 螺旋夹紧机构有哪些特点？

4. 精加工中，避免产生或减小积屑瘤的措施有哪些？

5. 简述排列切削加工工序应遵循的原则。

四、应用分析题(每题 6 分，共 24 分)

1. 试分析图 A-1(带螺纹小轴)、图 A-2(箱体局部)所示零件的结构工艺性(给出定性评价)，如果结构工艺性不好，请说明原因并提出改进意见(在原图上直接修改)。

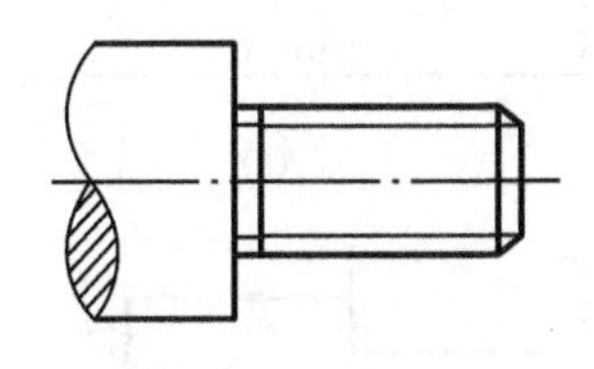

图 A-1　题 1 图 1

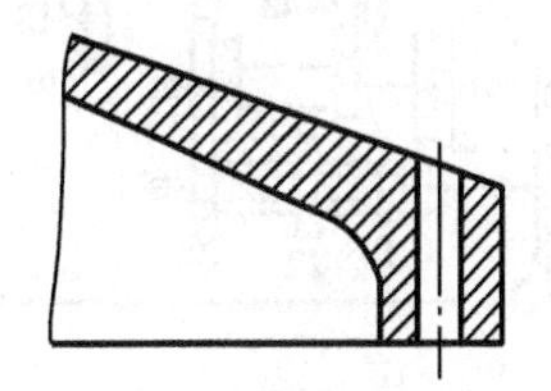

图 A-2　题 1 图 2

2. 某外圆车刀切削部分的刀具角度分别为 $\gamma_0=12°$，$\alpha_0=10°$，$\kappa_r=45°$，$\kappa'_r=30°$，$\lambda_s=-7°$，试画出其工作图并标注上述角度。

3. 试分析图 A-3 所示定位方案中，定位元件 1 和 2 分别限制了工件哪几个自由度？有无过定位现象？如果有，哪些自由度被重复限制？如何消除过定位？

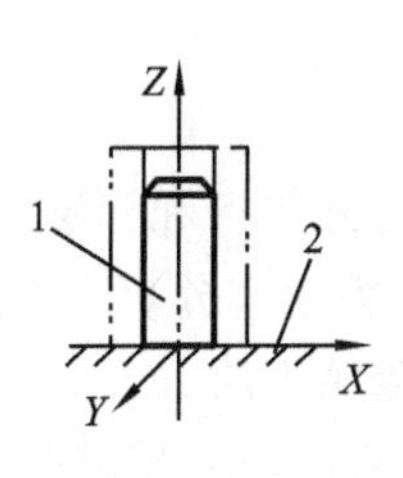

图 A-3　题 3 图

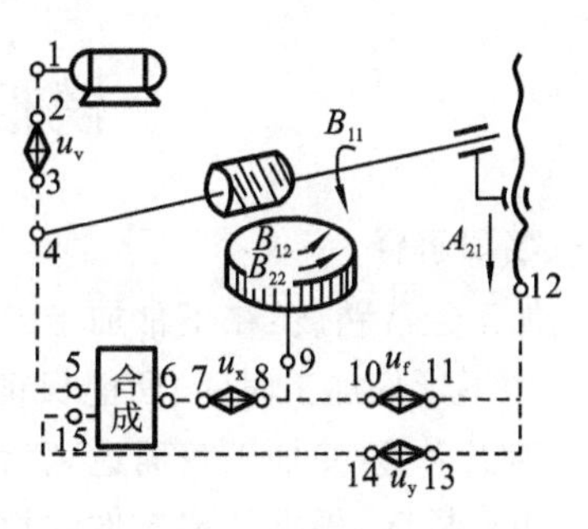

图 A-4　题 4 图

4. 图 A-4 为某滚齿机传动原理图，试指出主运动传动链和差动传动链的传动路线，判断它们是内联系传动链还是外联系传动链。

五、计算题(共 21 分)

1. 试分析图 A-5 所示主运动传动系统，要求：(1)写出末端件的计算位移；(2)写出传动路线表达式；(3)计算主轴的转速级数；(4)计算主轴最大、最小转速。已知带传动的速度效率 $\eta=0.98$。

2. 某零件如图 A-6(a)所示，其 A、D、C 面均已加工合格，现以图 A-6(b)所示方案定位加工 B 面，相应的工序尺寸为 L，试采用极值法计算确定 L 及其上下偏差。要求：(1)画出尺寸链简图；(2)指出封闭环；(3)写出尺寸链方程及具体的计算步骤；(4)将计算结果标注成符合入体原则的形式。

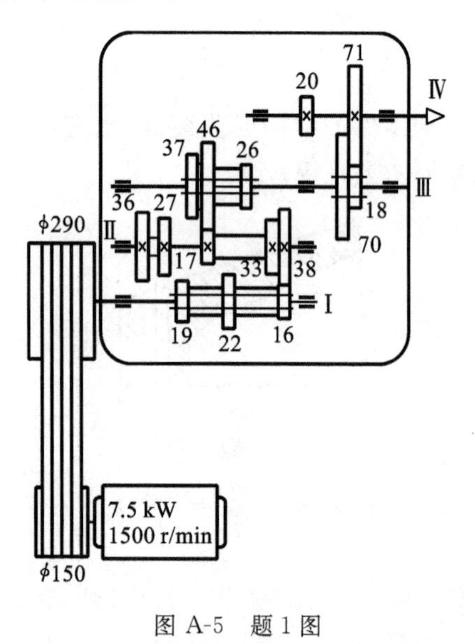

图 A-5　题 1 图

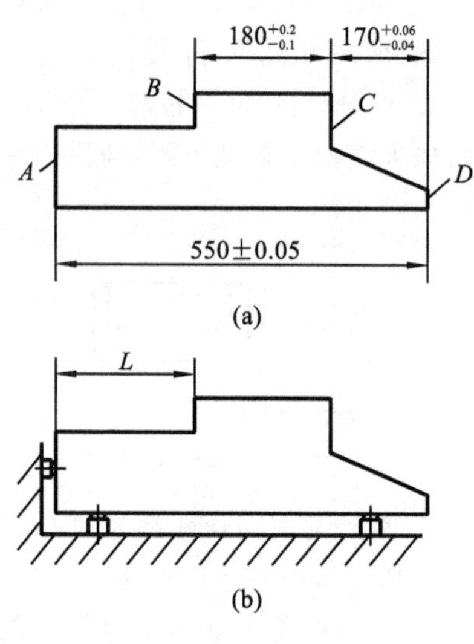

图 A-6　题 2 图

模拟试题一参考答案

一、名词解释

1. 加工经济精度：在正常加工条件下(使用符合质量标准的设备、工艺装备和标准技术等级的工人，不延长加工时间)所能保证的加工精度。(如不答括号内的内容扣 1 分)

2. 加工余量：使加工表面达到所需的精度和表面质量而应切除的金属表层。

3. 组合机床：根据特定工件的加工要求，以系列化、标准化的通用部件为基础，配以少量的专用部件所组成的专用机床。

4. 工步：加工表面、切削刀具和切削用量(仅指主轴转速和进给量)都不变的情况下所完成的那一部分工艺过程。

5. 刀具耐用度：刀具由开始切削起至磨损量达到磨钝标准为止的实际切削时间。

二、填空题

1. 增大；减小
2. 轴向窜动；倾角摆动
3. 进给量；进给量
4. 基准不重合；基准位置
5. 法线方向上的切削分力；该方向上
6. 大；水平
7. 硬质点；扩散
8. 转移；就地
9. 齿轮加工；$\phi 500$
10. 背吃刀量；进给量

三、简述题

1. 答：(1) 合理分配加工余量的原则。若工件必须首先保证某重要表面的加工余量均匀，则应选择该表面为粗基准；在没有要求保证重要表面加工余量均匀的情况下，若零件上每个表面都要加工，则应该以加工余量最小的表面作为粗基准。

(2) 保证零件加工表面相对于不加工表面具有一定位置精度的原则。在与上项相同的前提条件下，若零件上有的表面不需加工，则应以不加工表面中与加工表面的位置精度要求较高的表面为粗基准，以达到壁厚均匀、外形对称等要求。

(3) 便于装夹原则。选用粗基准的表面应尽量平整光洁，不应有飞边、浇口、冒口及其他缺陷，这样可减小定位误差，并能保证零件夹紧可靠。

(4) 粗基准一般不得重复使用原则。粗基准一般只使用一次。只有当毛坯是精密铸件或精密锻件，且质量很高时，如果工件的精度要求不高，才可以重复使用某一粗基准。

2. 答：(1) 砂轮旋转主运动 n_1，由电动机经带传动驱动砂轮主轴作高速转动。

(2) 工件圆周进给运动 n_2，转速较低，可以调整。

(3) 工件纵向进给运动 f_1，通常由液压传动，以使换向平衡并能无级调速。

(4) 砂轮架周期或连续横向进给运动 f_2，可由手动或液压实现。

3. 答：(1) 可以看作是绕在圆柱体上的斜面，将它展开就相当于一个斜楔；

(2) 结构简单、紧凑；

(3) 具有增力特性，可将原动力放大约 100 倍以上；

(4) 具有很好的自锁特性，自锁条件 $\alpha < \varphi_1 + \varphi_2$ 总能满足；

(5) 夹紧行程不受限制；

(6) 在手动夹紧装置中应用广泛。

4. 答：(1) 控制切削速度，尽量采用很低或者很高的速度，避开中速区；

(2) 使用润滑性能好的切削液，以减小摩擦；

(3) 增大刀具前角，以减小切屑接触区压力；

(4) 提高工件材料硬度，减少加工硬化倾向。

5. 答：(1) 基准先行，即先基准面，后其他面。

(2) 先主后次，即先主要表面，后次要表面。

(3) 先面后孔，即先主要平面，后主要孔。

(4) 先粗后精，即先安排粗加工工序，后安排精加工工序。

四、应用分析题

1. 答：原图 A-1 所示带螺纹小轴的结构工艺性不好。螺纹左端没有退刀槽，致使螺纹加工困难。修改后的结构如图 A-7 所示。

原图 A-2 所示箱体局部的结构工艺性不好。右边小孔的端面为斜面，造成钻孔时入钻困难。应将端面改为平面，如图 A-8 所示。

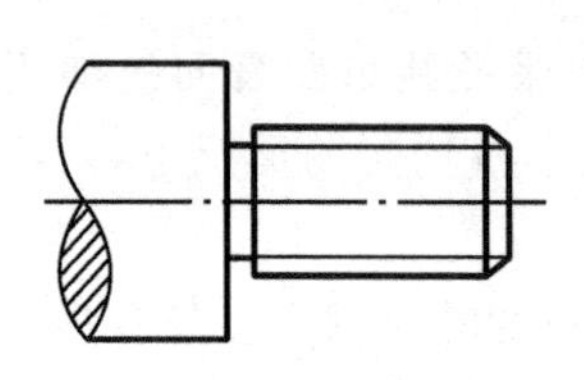

图 A-7　题 1 答案 1

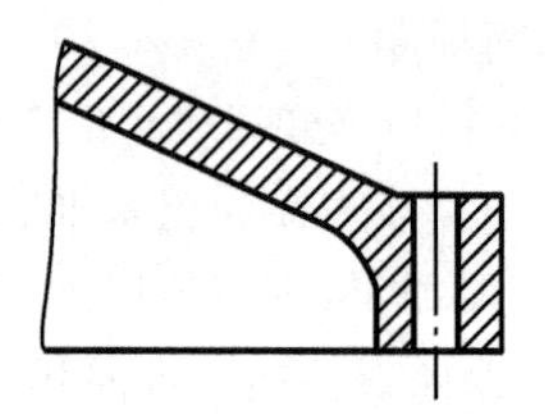

图 A-8　题 1 答案 2

2. 答：见图 A-9。

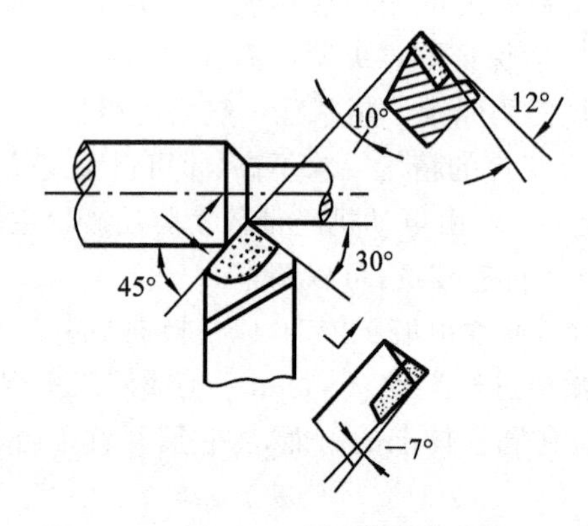

图 A-9　题 2 答案

3. 答：(1) 定位元件 1 限制 $\vec{x}$, $\vec{y}$, $\overset{\frown}{x}$, $\overset{\frown}{y}$，定位元件 2 限制 $\vec{z}$, $\overset{\frown}{x}$, $\overset{\frown}{y}$；

(2) 存在过定位，自由度 $\overset{\frown}{x}$, $\overset{\frown}{y}$ 被重复限制；

(3) 将定位元件 1(长定位销)改为短定位销，使其只限制 $\vec{x}$, $\vec{y}$ 两个自由度就可以消除过定位。

4. 答：主运动传动链的传动路线为 1—2—u_v—3—4；是外联系传动链。

差动传动链的传动路线为 12—13—u_y—14—15—合成—6—7—u_x—8—9；是内联系传动链。

五、计算题

1. 解　(1) 计算位移：电动机 1500 r/min——主轴 n_{IV} r/min

(2) 传动路线表达式：

$$电动机\ 1500\ \text{r/min} - \frac{\phi150}{\phi290} - \text{I} - \begin{bmatrix} \frac{16}{38} \\ \frac{19}{36} \\ \frac{22}{33} \end{bmatrix} - \text{II} - \begin{bmatrix} \frac{17}{46} \\ \frac{27}{37} \\ \frac{38}{26} \end{bmatrix} - \text{III} - \begin{bmatrix} \frac{18}{71} \\ \frac{70}{20} \end{bmatrix} - \text{IV}$$

(3) 主轴的转速级数：$Z=1\times1\times3\times3\times2=18$

(4) 主轴最大、最小转速

$$n_{\max} = 1500\ \text{r/min} \times \frac{150}{290} \times 0.98 \times \frac{22}{33} \times \frac{38}{26} \times \frac{70}{20} \approx 2593\ \text{r/min}$$

$$n_{\min} = 1500\ \text{r/min} \times \frac{150}{290} \times 0.98 \times \frac{16}{38} \times \frac{17}{46} \times \frac{18}{71} \approx 11\ \text{r/min}$$

2. 解　(1) 画出尺寸链简图如图 A-10 所示。

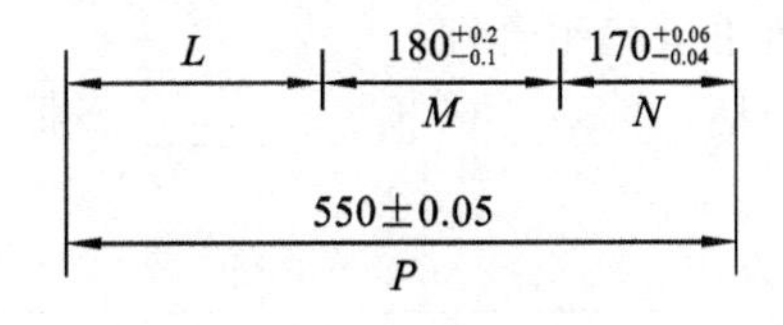

图 A-10　尺寸链简图

(2) 封闭环 $M=180^{+0.2}_{-0.1}$ mm。

(3) 尺寸链方程：

$$M = P - L - N$$

(4) 计算。

基本尺寸：$L=P-M-N=550-180-170=200$ mm

偏差：

$ES_M=ES_P-EI_L-EI_N\Rightarrow$

$EI_L=ES_P-ES_M-EI_N=[0.05-0.2-(-0.04)]\ \text{mm}=-0.11\ \text{mm}$

$EI_M=EI_P-ES_L-ES_N\Rightarrow$

$ES_L=EI_P-EI_M-ES_N=[-0.05-(-0.1)-(+0.06)]\ \text{mm}=-0.01\ \text{mm}$

所以，$L=200^{-0.01}_{-0.11}$ mm

(5) 标注成符合入体原则的形式。

$$L = 199.89^{+0.1}_{0}\ \text{mm}$$

模拟试题二

一、名词解释(每小题 2 分,共 10 分)

1. 工序　　2. 过定位

3. 工艺系统刚度　　4. 前角

5. 基准

二、填空题(每空 1 分,共 23 分)

1. 顺铣时,切削厚度由________;粗加工或是加工有硬皮的毛坯时,一般采用________铣。

2. 某机床的型号为 CG6125B,则该机床的类代号为________,主参数为________。

3. 普通卧式车床的基本组成为:________、________、________、刀架、尾座、床身、床脚、光杠、丝杠和挂轮变速机构。

4. 夹紧力的作用方向应使________与定位元件接触良好,应与工件刚度的________方向一致。

5. 当刀具耐用度一定时,一般首先选择最大的________,再选择较大的________,然后按公式计算出________,以使切削用量趋于合理。

6. 刀具的磨损原因一般包括________磨损、________磨损、________磨损、氧化磨损、相变磨损、热电磨损和塑性变形等。

7. 粗基准的选择,主要影响________、________和________。

8. 时间定额是在一定的生产条件下,规定生产________或完成________所需消耗的时间。

9. 砂轮特性主要由磨料、粒度、________、________、________、形状、尺寸及代号等因素决定。

三、简答题(每题 5 分,共 25 分)

1. 积屑瘤对切削过程有哪些影响?

2. 斜楔夹紧机构的特点。

3. 减少工艺系统热变形对加工精度影响的措施。

4. 组合机床的特点。

5. 划分加工阶段的必要性。

四、应用与分析题(每题 6 分,共 24 分)

1. 某外圆车刀切削部分的刀具角度分别为 $\gamma_0=10°$,$\alpha_0=8°$,$\kappa_r=75°$,$\kappa_r'=20°$,$\lambda_s=12°$,试

画出其工作图并标注上述角度。

2. 试分析图 A-11(箱体上加工孔)、图 A-12(两个外圆和一个锥面需磨削加工的轴)所示零件的结构工艺性,进行具体分析的描述,如果结构工艺性不好,请说明原因并提出改进意见(在原图上直接修改)。

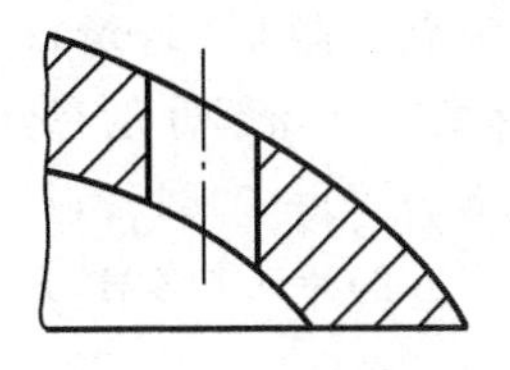

图 A-11 题 2 图 1

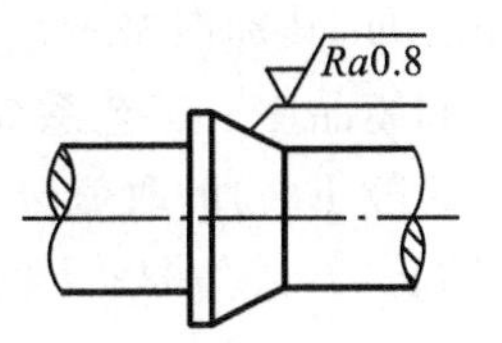

图 A-12 题 2 图 2

3. 试分析图 A-13 所示定位方案中,定位元件 1 和 2 分别限制了工件哪几个自由度?有无过定位现象?如果有,哪些自由度被重复限制了?如何消除过定位?

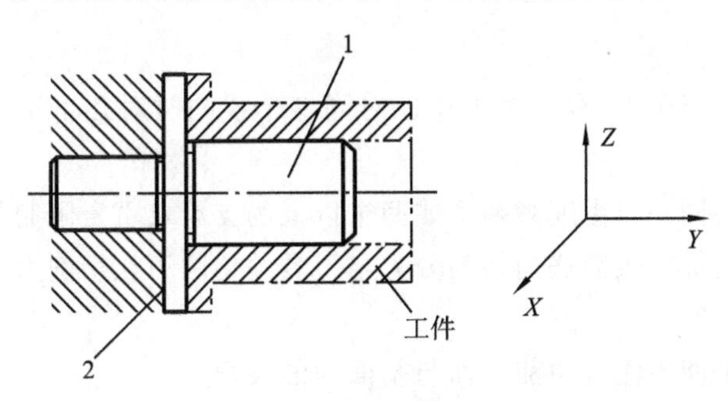

图 A-13 题 3 图

4. 试绘制滚齿机滚切斜齿圆柱齿轮的传动原理图,写出一条内联系传动链的名称,指出其传动路线。

五、计算题(共 18 分)

1. 图 A-14 所示的传动系统图中,电动机通过安装在其轴(I)上的带轮驱动螺母直线运动

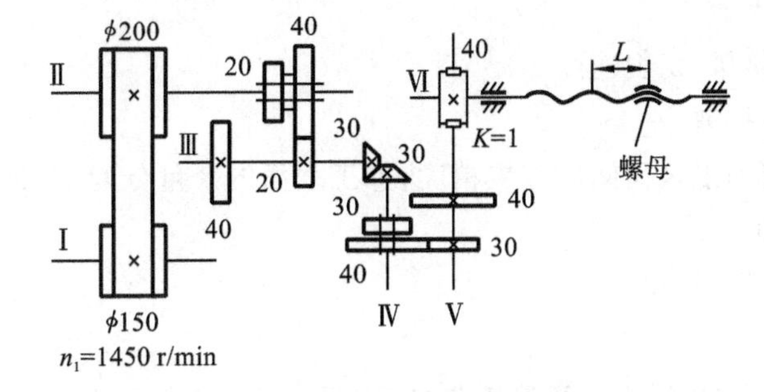

图 A-14 题 1 图

(螺母不能旋转)。试写出两末端件的计算位移、传动路线表达式,并计算螺母的移动速度的级数及最大、最小移动速度,已知电动机转速 $n_1=1450$ r/min,丝杠螺母导程 $L=4$ mm,带传动的速度效率为 $\eta=0.98$。

2. 车削一批轴的外圆,其实际尺寸要求为 $\phi25\pm0.05$ mm,已知此工序的加工误差分布曲线是正态分布,其标准差 $\sigma=0.025$ mm,曲线的峰值偏于公差带中点左侧 0.03 mm。试求零件合格率和废品率。工艺系统经过怎样的调整可使不合格品率降低?已知部分正态分布曲线下的面积函数 $F(z)$ 的取值:$F(0.7)=0.2580$;$F(0.8)=0.2881$;$F(0.9)=0.3159$;$F(1.0)=0.3413$;$F(1.1)=0.3643$;$F(1.3)=0.4032$;$F(3.0)=0.49865$;$F(3.2)=0.49931$;$F(3.4)=0.49966$。

模拟试题二参考答案

一、名词解释

1. 工序:一个或一组工人、在一个工作地对同一个或同时对几个工件所连续完成的那一部分工艺过程。

2. 过定位:工件的同一自由度被两个或两个以上的支承点重复限制的定位。

3. 工艺系统刚度:加工表面法向切削分力与刀具的切削刃在切削力的作用下相对工件在此方向位移的比值。

4. 前角:在正交平面内测量的前刀面与基面间的夹角。

5. 基准:用来确定生产对象上几何要素间的几何关系所依据的那些点、线、面。

二、填空题

1. 大到小;逆
2. C;最大工件直径 $\phi250$ mm
3. 主轴箱;进给箱;溜板箱
4. 定位基面;最大
5. 背吃刀量;进给量;切削速度
6. 硬质点;黏结;扩散
7. 不加工表面与加工表面间的位置精度;加工表面的余量分配;夹具结构
8. 一件产品;一道工序
9. 结合剂;硬度;组织

三、简答题

1. 答:(1) 使实际前角增大。积屑瘤愈高,实际前角愈大。

(2) 增大切入深度。切入深度的变化有可能引起振动。

(3) 使加工表面粗糙度值增大。

(4) 影响刀具耐用度。积屑瘤相对稳定时,可代替刀刃切削,能提高刀具耐用度;当在不稳定时,积屑瘤的破裂有可能导致硬质合金刀具的剥落磨损。

2. 答:(1) 利用斜面楔紧原理对工件进行夹紧。

(2) 结构简单。

(3) 具有增力特性:可将原动力放大约 3 倍。

(4) 具有自锁特性:自锁条件 $\alpha<\varphi_1+\varphi_2$。

(5) 夹紧行程小。

(6) 直接应用不方便,用作增力机构。

3. 答:(1) 减少热源的发热和隔离热源。

(2) 主轴轴承、丝杠螺母副、高速导轨副等不能分离的热源,从结构、润滑等方面改善其摩擦特性,减少发热。

(3) 发热量大的热源,如既不能从机床内部移出,又不便隔热,则采用强制风冷、水冷等散热措施。

(4) 均衡温度场。

(5) 采用合理的机床部件结构及装配基准。

(6) 加速达到热平衡状态。

(7) 控制环境温度。

4. 答:与一般专用机床相比,组合机床有以下四项特点:

(1) 设计制造周期短;

(2) 加工效率高;

(3) 加工对象改变后,通用零部件可重复使用,组成新的组合机床,不致因产品的更新造成设备的大量浪费;

(4) 可方便地组成组合机床自动线。

5. 答:(1) 能减小或消除内应力、切削力和切削热对精加工的影响,保证加工质量。

(2) 有利于及早发现毛坯缺陷并得到及时处理。

(3) 便于安排热处理。

(4) 可合理使用机床。

(5) 表面精加工安排在最后,可避免或减少在夹紧和运输过程中损伤已精加工过的表面。

四、应用与分析题

1. 答:答案见图 A-15。

2. 答:图 A-11 和图 A-12 所示零件的结构工艺性都不好。图 A-11 的结构必须在斜面上钻孔,加工困难且容易损坏刀具,图 A-12 的锥面一般要磨,但是又没留砂轮越程槽,加工困

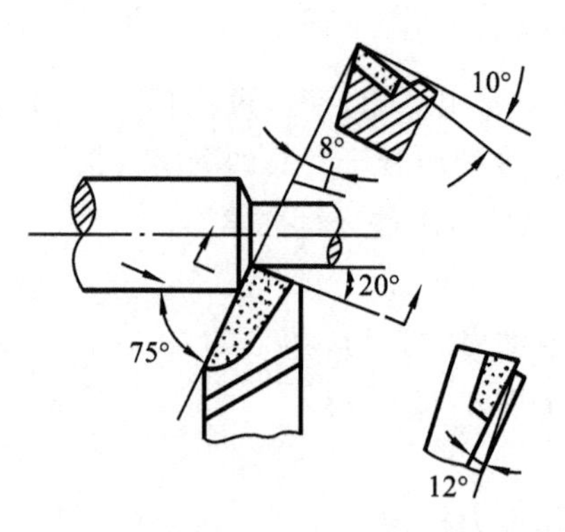

图 A-15　题 1 答案

难。修改后的结构如图 A-16、图 A-17 所示。

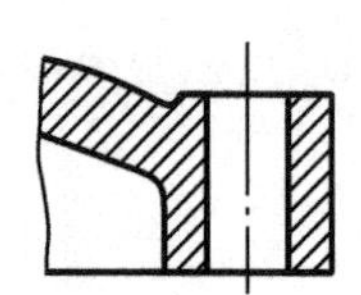

图 A-16　题 2 答案 1

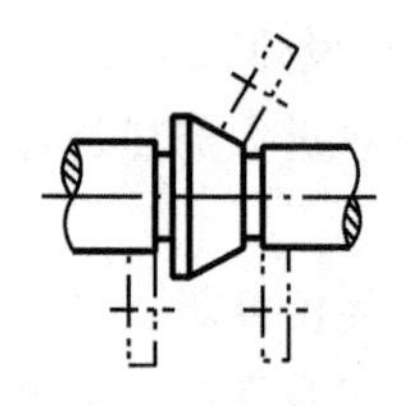

图 A-17　题 2 答案 2

3. 答：定位元件 1 限制了 $\vec{x}$，$\vec{z}$，$\overset{\frown}{x}$，$\overset{\frown}{z}$；定位元件 2 限制了 $\vec{y}$，$\overset{\frown}{x}$，$\overset{\frown}{z}$。有过定位现象，$\overset{\frown}{x}$，$\overset{\frown}{z}$ 被重复限制了。将定位元件 1 改为短心轴就可以了，如图 A-18 所示。

4. 答：滚齿机滚切斜齿圆柱齿轮的传动原理图如图 A-19 所示。其中的展成传动链（或者差动传动链）为内联系传动链，传动路线为 4—5—合成—6—7—u_x—8—9。

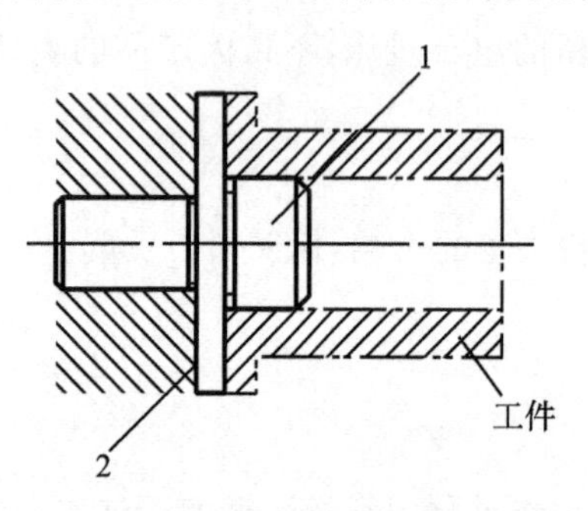

图 A-18　题 3 答案

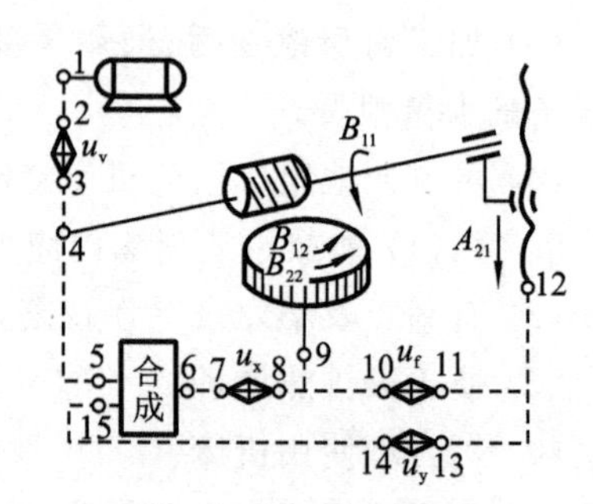

图 A-19　题 4 答案

五、计算题

1. 解：(1) 计算位移：电动机旋转 $n_1 = 1450$ r/min——螺母移动 x mm。

(2) 传动路线表达式：

$$电动机\ n_1(\mathrm{r/min}) - \frac{\phi150}{\phi200} - \mathrm{I} - \begin{bmatrix} \frac{20}{40} \\ \frac{40}{20} \end{bmatrix} - \mathrm{II} - \frac{30}{30} - \mathrm{III} - \begin{bmatrix} \frac{30}{40} \\ \frac{40}{30} \end{bmatrix} - \mathrm{IV}$$

$$- \frac{1}{40} - \mathrm{V} - L - 螺母\ x(\mathrm{mm})$$

(3) 螺母的移动速度的级数

$$Z = 1 \times 1 \times 2 \times 1 \times 2 \times 1 \times 1 = 4$$

(4) 最大、最小移动速度

$$x_{\max} = 1450 \times \frac{150}{200} \times 0.98 \times \frac{40}{20} \times \frac{30}{30} \times \frac{40}{30} \times \frac{1}{40} \times 4\ \mathrm{mm} = 284.2\ \mathrm{mm}$$

$$x_{\min} = 1450 \times \frac{150}{200} \times 0.98 \times \frac{20}{40} \times \frac{30}{30} \times \frac{30}{40} \times \frac{1}{40} \times 4\ \mathrm{mm} = 39.966\ \mathrm{mm}$$

2. 解:(1) 求合格品率 P。

$$z_1 = \frac{d_{\max} - \mu}{\sigma} = \frac{(25 + 0.05) - (25 - 0.03)}{0.025} = 3.2$$

$$z_2 = \frac{d_{\min} - \mu}{\sigma} = \frac{(25 - 0.05) - (25 - 0.03)}{0.025} = -0.8$$

合格品率:

$$\begin{aligned} P &= F(z_1) + F(-z_2) = F(3.2) + F(0.8) \\ &= 0.49931 + 0.2881 = 0.78741 = 78.741\% \end{aligned}$$

(2) 求废品率 Q。直径小于 24.95 mm 的零件为废品,因此

$$\begin{aligned} Q &= 0.5 - F(-z_2) = 0.5 - F(0.8) \\ &= 0.5 - 0.2881 = 0.2119 = 21.19\% \end{aligned}$$

(3) 调整方案。

在不能提高工艺系统的加工精度的条件下,当加工尺寸的分布中心与公差带中心重合时,总的不合格品率最低。现在,加工的工件平均直径偏小 0.03 mm,因此,应该将车刀位置相对于工件轴线后退 0.015 mm。

模拟试题三

一、名词解释(每小题 2 分,共 10 分)

1. 后角　　2. 定位误差

3. 时间定额　　4. 加工原理误差

5. 最佳切削温度

二、填空题(每小题 2 分,共 23 分)

1. 台式钻床的主运动是________,滚齿机的主运动是________。

2. 工序可以进一步划分为________、工位、工步和________,用钻床在一个圆形工件上依次钻四个均布的同直径孔,习惯上算作________个工步。

3. 从保证合理的刀具寿命和提高切削加工效率出发,在确定切削用量时,一般应首先采用尽可能大的________,然后再选用较大的进给量,最后通过计算或查表确定________。

4. 在某车床上车削一个圆度误差为 0.6 mm 的轴类零件,每次走刀的误差复映系数均为 0.1,只考虑误差复映的影响,则车削一刀后的圆度误差不大于________ mm;至少应走刀________次才能使零件的圆度误差不大于 0.01 mm。

5. ________是指企业在计划期内应当生产的产品产量和进度计划;生产类型的划分主要取决于________,但也要考虑产品本身的大小和结构的复杂程度。

6. 砂轮的特性主要由________、________、硬度、组织、结合剂及形状尺寸等因素所决定。

7. 夹紧力的作用点应尽量靠近________,以减小切削力对夹紧点的力矩,防止或减小工件加工时的________。

8. 常用的误差预防技术包括________、直接减小原始误差、________原始误差、均分原始误差、________原始误差、就地加工和________误差因素。

9. 基准不重合误差即指工序基准与________不重合,引起同批工件的工序基准位置相对________的最大变动量。

10. 某机床型号为 M1432A,其中“M”是机床的________代号,“32”表示该机床可加工的最大工件直径为________。

三、简答题(每题 5 分,共 25 分)

1. 选择精基准时一般应遵循哪些原则?

2. 绘制滚切直齿圆柱齿轮时滚齿机的传动原理图,写出展成传动链的传动路线,判断该传动链是内联系传动链还是外联系传动链。

3. 减小机床传动链传动误差的措施有哪些?

4. 偏心夹紧机构有哪些特点?

5. 写出常用装配方法的名称,指出其中只适合于大批量生产中装配精度要求很高且组成环数较少的装配尺寸链,以及只适合于单件小批量生产的装配方法。

四、应用与分析题(每小题 6 分,共 24 分)

1. 某外圆车刀切削部分的刀具角度分别为 $\gamma_0=15°$,$\alpha_0=6°$,$\kappa_r=90°$,$\kappa_r'=30°$,$\lambda_s=5°$,试画出其工作图并标注上述角度。

2. 试分析图 A-20(零件局部)、图 A-21(齿轮轴)所示零件的结构工艺性,如果结构工艺性不好,请说明原因并提出改进意见(画出图形)。

3. 试分析图 A-22 所示定位方案中,各定位元件分别限制了工件哪几个自由度?属于何

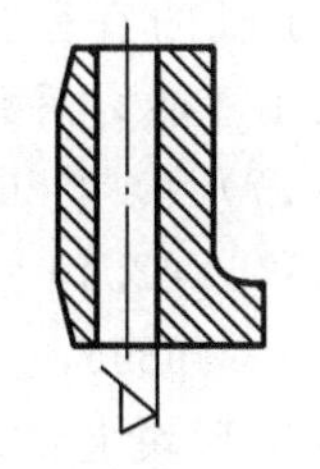

图 A-20 零件局部

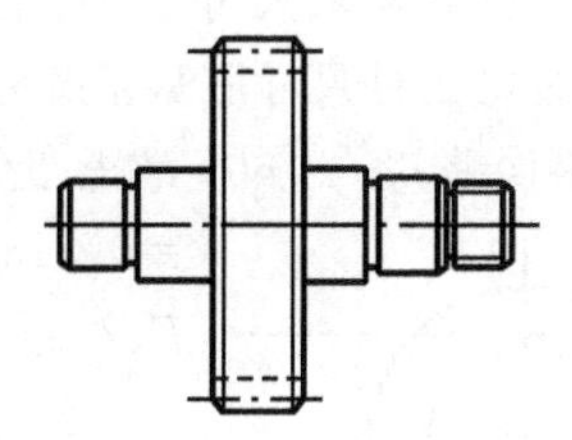

图 A-21 齿轮轴

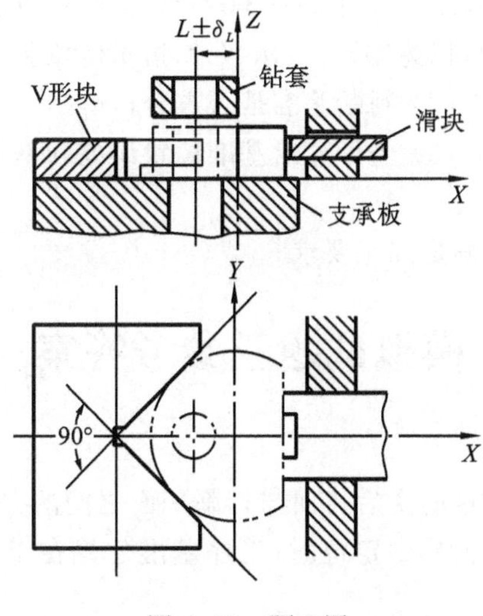

图 A-22 题 3 图

种定位?

4. 图 A-23 为金属切削过程中的示意图,试在图中适当位置标出刀具前角和剪切角,写出厚度变形系数 ξ_a 的计算公式。

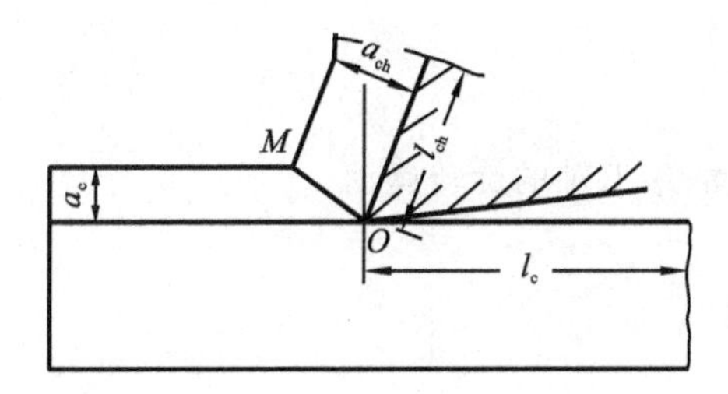

图 A-23 题 4 图

五、计算题(共 18 分)

1. 在车床上车削一批小轴,经测量实际尺寸大于要求尺寸,从而需要返修的小轴占总数的 18.41%，小于要求尺寸且不能返修的小轴占总数的 1.07%。若小轴的直径公差 $T=0.16$ mm，整批工件尺寸服从正态分布，试确定该工序尺寸的均方差 σ、工序能力系数 C_p 及车刀位置调整误差 δ。已知标准正态分布面积函数：$F(0.5)=0.1915$，$F(0.7)=0.2580$，$F(0.9)=0.3159$，$F(1.1)=0.3643$，$F(1.5)=0.4332$，$F(2.1)=0.4821$，$F(2.3)=0.4893$，$F(2.5)=0.4938$，$F(3.0)=0.49865$。

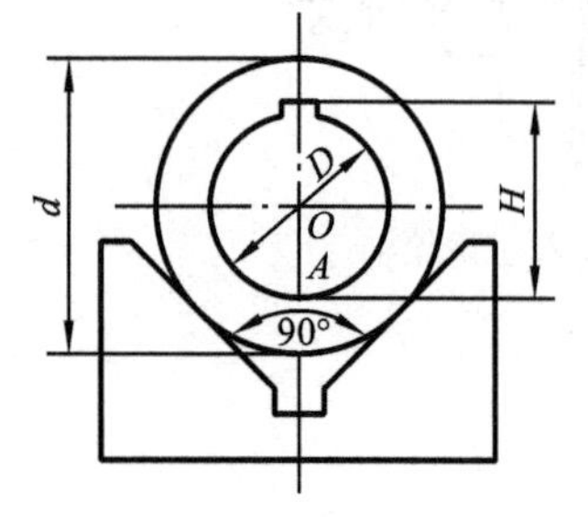

图 A-24　题 2 图

2. 如图 A-24 所示，工件以外圆柱面在 V 形块上定位加工键槽，已知外圆直径 $d=\phi 50^{+0}_{-0.04}$ mm，内孔直径 $D=\phi 30^{+0.05}_{-0}$ mm，试计算工序尺寸 $H=34^{+0.12}_{-0}$ mm 的定位误差（内孔与外圆的同轴度误差可以忽略）。要求：(1) 指出定位基准和工序基准；

(2) 判断基准是否重合；

(3) 先计算出基准位置误差和基准不重合误差，再列出定位误差的计算公式进行计算；

(4) 判断该定位方案能否满足加工要求。

模拟试题三参考答案

一、名词解释

1. 后角：在正交平面内测量的主后刀面与切削平面之间的夹角。

2. 定位误差：同批工件在夹具中定位时，工序基准位置在工序尺寸方向或沿加工要求方向上的最大变动量。

3. 时间定额：在一定的生产条件下，规定生产一件产品或完成一道工序所消耗的时间。

4. 加工原理误差：指由于采用了近似的成形运动或刀刃形状而产生的误差。

5. 最佳切削温度：大量切削实验证明，对给定的刀具材料和工件材料，用不同切削用量加工时，都存在着一个切削温度，在这个切削温度下，刀具磨损强度最低、耐用度最高。这一温度称为最佳切削温度。

二、填空题

1. 钻头主轴的旋转运动；滚刀轴的旋转运动

2. 安装；走刀；一

3. 背吃刀量；切削速度

4. 0.06；两

5. 生产纲领；生产纲领

6. 磨料；粒度

7. 加工表面；振动或弯曲变形

8. 合理采用先进工艺与装备；转移；均化；控制

9. 定位基准;定位基准

10. 类别;320 mm

三、简答题

1. 答:(1)"基准重合"原则,即应尽量选用设计基准和工序基准作为定位基准,以消除基准不重合误差。

(2)"基准统一"原则,即应尽可能选择加工工件多个表面时都能使用的定位基准作为精基准,以便保证各加工面间的相互位置精度,避免基准变换所产生的误差,并简化夹具的设计和制造。

(3)"互为基准"原则,当两个表面相互位置精度以及它们自身的尺寸与形状精度都要求很高时,可以采取"互为基准"的原则,反复多次进行精加工。

(4)"自为基准"原则,有些精加工或光整加工工序要求余量小而均匀,在加工时就应尽量选择加工表面本身作为精基准。

2. 答:滚切直齿圆柱齿轮时滚齿机的传动原理图如图A-25所示。展成运动传动链的传动路线为4—5—u_x—6—7。该传动链是内联系传动链。

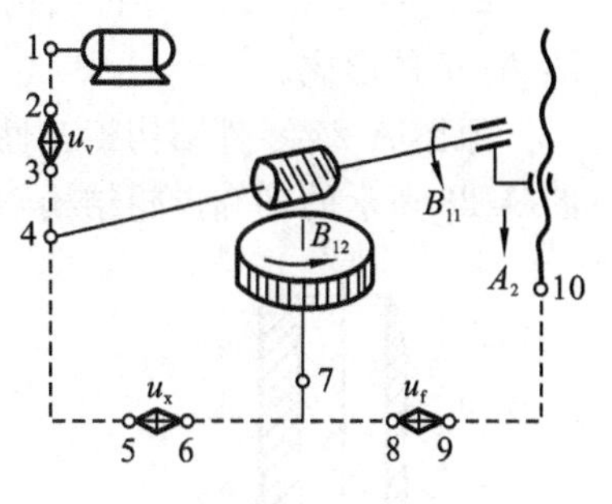

图 A-25　题2答案

3. 答:减小机床传动链传动误差的措施有以下四项。

(1) 缩短传动链;

(2) 降低传动比,特别是传动链末端传动副的传动比;

(3) 减小传动链中各传动件的加工装配误差;

(4) 采用校正装置,即在传动链中人为地加入一个补偿误差,其大小与传动链本身的误差相等而方向相反,从而使之相互抵消。

4. 答:偏心夹紧机构有以下特点。

(1) 可以看作是绕在基圆盘上的弧形楔;

(2) 结构简单、操作快速;

(3) 具有增力特性,可将原动力放大10倍以上;

(4) 自锁特性不稳定,弧形楔上各点的升角 α_x 是变化的;

(5) 夹紧行程不大,最大理论行程为 $2e$;

(6) 应用于夹紧力不大、没有振动且要求快速夹紧的场合。

5. 答:常用的装配方法有完全互换装配法、选择装配法、调整装配法、修配装配法。其中,选择装配法只适合于大批量生产中装配精度要求很高且组成环数较少的场合;修配装配法只适合于单件小批量生产。

四、应用与分析题

1. 答:工作图见图A-26。

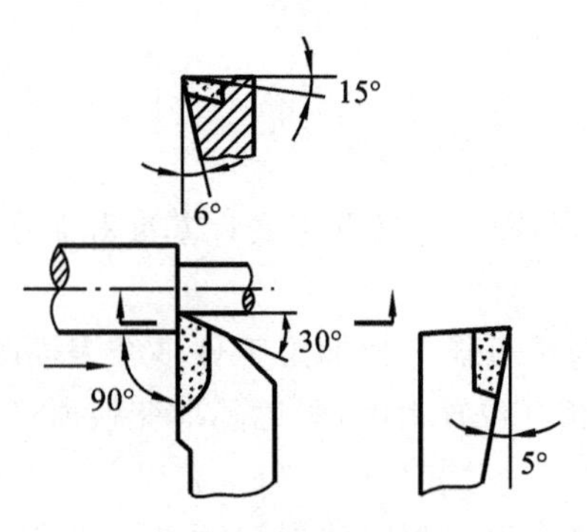

图 A-26　题 1 答案

2. 答：原图 A-20 零件结构工艺性不好：被加工孔太长，加工不方便，浪费工时；将其改为图 A-27 的形式。

原图 A-21 零件结构工艺性不好：轴与齿轮齿顶圆的直径差太大，加工费时、费料，应改为图 A-28 所示的轴和齿轮结构，分别加工后用键连接，既节约材料，又便于加工和维修。

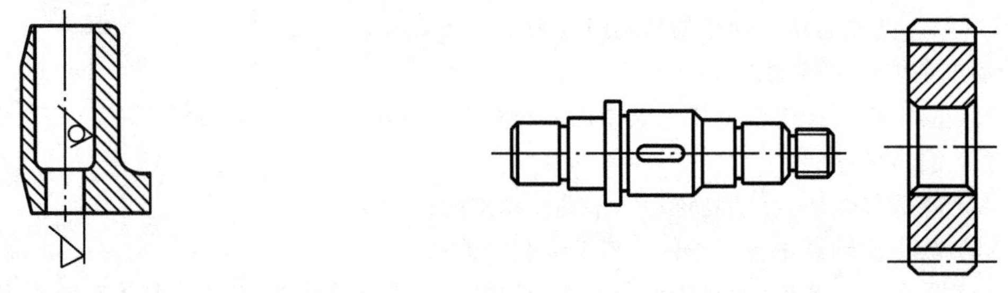

图 A-27　题 2 答案 1

图 A-28　题 2 答案 2

3. 答：支承板限制了 $\vec{z}$，$\overset{\frown}{x}$，$\overset{\frown}{y}$，V 形块限制了 $\vec{x}$，$\vec{y}$，滑块限制了 $\overset{\frown}{z}$，属于完全定位。

4. 答：刀具前角 γ_0 和剪切角 ϕ 如图 A-29 所示。厚度变形系数的计算公式为

$$\xi_a = \frac{a_{ch}}{a_c}$$

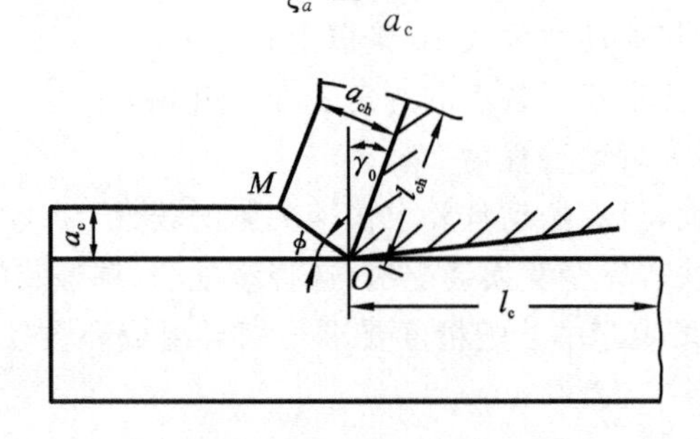

图 A-29　题 4 答案

五、计算题

1. 解：(1) 求该工序尺寸的均方差 σ。

设该批小轴的平均直径为 $\bar{d}$，公差带规定的最大极限直径和最小极限直径分别为 $d_{\max}$ 和 $d_{\min}$，令

$$z_1 = \frac{d_{\max} - \bar{d}}{\sigma}, z_2 = \frac{\bar{d} - d_{\min}}{\sigma}$$

依题意，有

$$F(z_1) = 0.5 - 18.41\% = 0.3159 = F(0.9) \Rightarrow z_1 = \frac{d_{\max} - \bar{d}}{\sigma} = 0.9$$

$$\Rightarrow d_{\max} = z_1\sigma + \bar{d} \quad ①$$

$$F(z_2) = 0.5 - 1.07\% = 0.4893 = F(2.3) \Rightarrow z_2 = \frac{\bar{d} - d_{\min}}{\sigma} = 2.3$$

$$\Rightarrow d_{\min} = \bar{d} - z_2\sigma \quad ②$$

式①减式②，得

$$T = d_{\max} - d_{\min} = (z_1 + z_2)\sigma \Rightarrow \sigma = \frac{T}{z_1 + z_2} = \frac{0.16}{0.9 + 2.3}\ \text{mm} = 0.05\ \text{mm}$$

(2) 计算工序能力系数。

$$C_p = \frac{T}{6\sigma} = \frac{0.16}{6 \times 0.05} = 0.533\text{，工序能力不足}$$

(3) 计算调刀误差。

公差带中心

$$d_M = \frac{d_{\max} + d_{\min}}{2} = \bar{d} + \frac{z_1 - z_2}{2}\sigma$$

刀具位置调整误差

$$\delta = (\bar{d} - d_M)/2 = -\frac{z_1 - z_2}{4}\sigma = -\frac{0.9 - 2.3}{4} \times 0.05\ \text{mm} = 0.0175\ \text{mm}$$

2. 解：

(1) 定位基准和工序基准。

H 的定位基准为外圆轴线，工序基准为内孔下母线 A。

(2) 判断基准是否重合。

定位基准与工序基准不重合，存在基准不重合误差。

(3) 计算。

基准位置误差：$\Delta_{jw} = \dfrac{T_d}{2\sin 45^\circ} = \dfrac{0.04}{2\sin 45^\circ}\ \text{mm} \approx 0.028\ \text{mm}$

基准不重合误差：$\Delta_{bc} = \dfrac{T_D}{2} = \dfrac{0.05}{2}\ \text{mm} = 0.025\ \text{mm}$

Δ_{jw}和Δ_{bc}是相互独立的随机变量，因此工序尺寸H的定位误差为

$$\Delta_{dw(H)} = \Delta_{jw} + \Delta_{bc} = (0.028 + 0.025)\ \text{mm} = 0.053\text{mm}$$

(4) 判断该定位方案能否满足加工要求。

由于$\Delta_{dw(H)} = 0.053\ \text{mm} > T_H/3 = 0.12/2\ \text{mm} = 0.04\ \text{mm}$

所以，该定位方案不能满足加工要求。

模拟试题四

一、单项选择题(每小题1分，共20分)

1. (　　)夹紧机构具有自锁性不稳定的特点。

A. 斜楔　　B. 螺旋　　C. 圆偏心　　D. 定心

2. 积屑瘤使(　　)减小。

A. 刀具实际前角　　B. 切削力

C. 切入深度　　D. 工件表面粗糙度值

3. 为了从工件待加工表面切除多余的材料，刀具和工件之间必须有相对运动，即(　　)。

A. 主运动　　B. 分度运动

C. 切削成形运动　　D. 展成运动

4. (　　)是在正交平面内测量的前刀面与基面间的夹角。

A. 前角　　B. 后角　　C. 主偏角　　D. 刃倾角

5. 一般而言，在滚齿机上滚切直齿圆柱齿轮可以不用(　　)传动链。

A. 主运动　　B. 展成运动　　C. 轴向进给　　D. 差动运动

6. (　　)切屑发生在加工脆性材料，特别是切削厚度较大时。

A. 带状　　B. 单元　　C. 崩碎　　D. 挤裂

7. 加工齿轮时采用展成法是为了获得零件的(　　)。

A. 尺寸精度　　B. 位置精度

C. 较低的表面粗糙度值　　D. 形状精度

8. 对刀具耐用度影响最大的切削用量参数是(　　)。

A. 切削速度　　B. 进给量

C. 背吃刀量　　D. 进给速度

9. 所谓误差敏感方向就是指通过刀刃的(　　)方向。

A. 加工表面的切线　　B. 加工表面的法线

C. 主运动　　D. 进给运动

10. 某轴类工件毛坯的圆度误差为5 mm，工艺系统的误差复映系数为0.1，如果要求加工后轴的圆度误差不大于0.01 mm，那么，车外圆时至少应走刀(　　)次。

A. 一　　B. 二　　C. 三　　D. 四

11. 大量生产时，单件核算时间中可以不计入(　　)。

A. 基本时间　　B. 辅助时间

C. 休息与生理需要时间　　D. 准备与终结时间

12. 下列关于滚刀的说法中，正确的是(　　)。

A. 滚切直齿轮，一般用右旋滚刀

B. 滚切直齿轮，一般用左旋滚刀

C. 滚切左旋齿轮，最好用右旋滚刀

D. 滚刀的选择与被加工齿轮的旋向无关

13. 下列关于砂轮特性的说法中，错误的是(　　)。

A. 磨料应具有高硬度、高耐热性和一定的韧性

B. 一般来说，粒度号越大，砂轮磨料颗粒越大

C. 硬度越高，磨粒越不易脱落

D. 组织号越大，磨粒所占体积越小

14. 在法兰上一次钻四个 $\phi10$ 的孔，习惯上算作(　　)工步。

A. 一个　　B. 二个　　C. 三个　　D. 四个

15. 在尺寸链中，(　　)一般不以封闭环的形式出现。

A. 设计尺寸　　B. 工序尺寸

C. 加工余量　　D. 装配技术要求

16. 关于支承点的说法中，正确的是(　　)。

A. 一夹具中各定位元件相当于支承点的数目之和，一定等于工件被限制的自由度数

B. 一夹具中各定位元件相当于支承点的数目之和，一定小于工件被限制的自由度数

C. 某定位元件限制工件的自由度数等于其所相当于的支承点数

D. 某定位元件限制工件的自由度数小于其所相当于的支承点数

17. (　　)是粉末冶金制品。

A. 工具钢　　B. 硬质合金

C. 陶瓷　　D. 人造金刚石

18. 应用分布图分析法分析加工误差，不能(　　)。

A. 判别加工误差的性质　　B. 估算合格品率

C. 判别工艺过程是否稳定　　D. 确定工序能力

19. 精加工床身导轨时，采用“自为基准”原则选择精基准，是为了(　　)。

A. 简化夹具结构

B. 提高导轨与其他表面的位置精度

C. 提高刀具耐用度

D. 保证加工表面的余量均匀

20. 在单件和小批量生产中装配那些装配精度要求高、组成环数又多的机器结构时，常用(　　)装配法。

A. 互换　　B. 分组　　C. 修配　　D. 调整

二、多项选择题(每小题 2 分，共 10 分)

1. 在其他条件不变的情况下，剪切角增大，则(　　)。

A. 切屑变形减小　　B. 切削力变大

C. 切削变形系数变大　　D. 切屑底层与前刀面的摩擦加剧

2. 磨屑形成过程的三个阶段是(　　)。

A. 初磨阶段　　B. 滑擦阶段　　C. 刻划阶段　　D. 切削阶段

3. 零件的表面粗糙度值对零件的(　　)有直接影响。

A. 刚度　　B. 耐蚀性

C. 疲劳强度　　D. 抗振性

4. (　　)需要使用工具，并能将工具型面的形状"复印"到工件上。

A. 离子束加工　　B. 电火花加工

C. 电解加工　　D. 激光加工

5. 万能外圆磨床一般具有(　　)等运动。

A. 砂轮旋转主运动

B. 工件纵向进给运动

C. 砂轮架周期或连续横向进给运动

D. 工件圆周进给运动

三、问答题(每小题 5 分，共 20 分)

1. 机械加工工序顺序的安排原则是什么？

2. 斜楔夹紧机构具有哪些特点？

3. 机械加工过程中精基准的选择原则是什么？

4. 常用的误差预防技术有哪些？

四、分析与应用题(每题 15 分，共 30 分)

1. 分析图 A-30 所示加工连杆小头孔(要求保证两孔轴线距离及平行度)的定位方案：(1)指出各定位元件所限制的自由度；(2)判断有无欠定位或过定位；(3)对不合理的定位方案提出改进意见。

2. 外圆车刀的标注角度分别为：$\gamma_0=10°$，$\alpha_0=8°$，$\lambda_s=-5°$，$\alpha'_0=8°$，$\kappa_r=45°$，$\kappa'_r=60°$，请绘制该车刀的工作图。

3. 试分析图 A-31(a)(阶梯轴局部)、图 A-31(b)(双联齿轮)所示零件的结构工艺性(给出定性评价)，如果结构工艺性不好，请说明原因并提出改进意见(在原图上直接修改)。

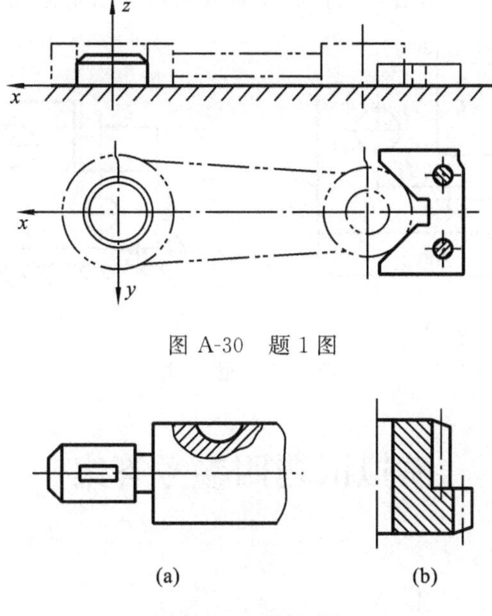

图 A-30　题 1 图

图 A-31　题 3 图

五、计算题(共 20 分)

1. 图 A-32 为某机床主运动传动系统图(局部),请:(1)指出两末端件的计算位移;(2)写出传动路线表达式;(3)计算主轴的转速级数;(4)计算主运动的最高转速 $n_{\max}$ 和最低转速 $n_{\min}$。

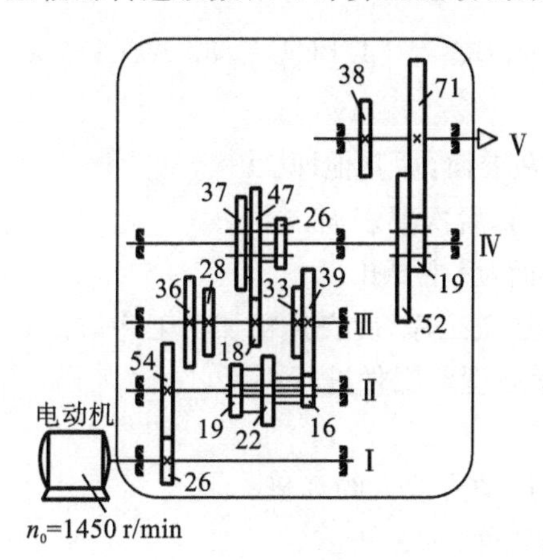

图 A-32　题 1 图

2. 如图 A-33(a)所示零件,其 A、B、C、D 面在前面工序中均已加工合格,现以图 A-33(b)所示定位方案定位加工 E 面(孔),试求调刀尺寸 L。要求:(1)画出尺寸链简图;(2)指出封闭环；(3)写出尺寸链方程；(4)列出必要的计算步骤并将计算结果标注成对称偏差的形式。

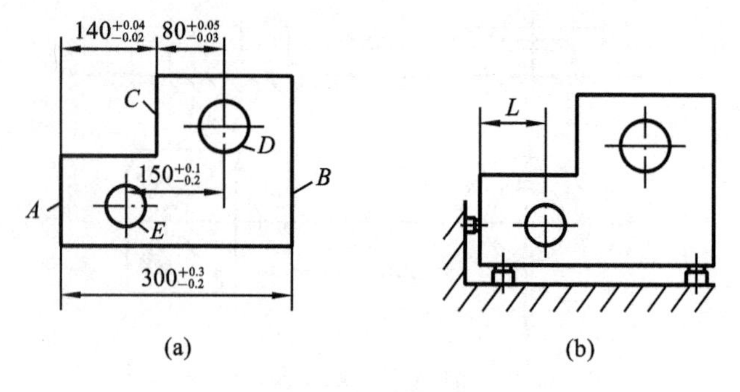

图 A-33　题 2 图

模拟试题四参考答案

一、单项选择题

1. C　2. B　3. C　4. A　5. D
6. C　7. D　8. A　9. B　10. C
11. D　12. A　13. A　14. A　15. D
16. C　17. B　18. C　19. D　20. C

二、多项选择题

1. AD　2. BCD　3. BC　4. BC　5. ABCD

三、问答题

1. 答：(1) 基面先行：先基准面，后其他面。
(2) 先主后次：先主要表面，后次要表面。
(3) 先面后孔：先主要平面，后主要孔。
(4) 先粗后精：先安排粗加工工序，后安排精加工工序。
2. 答：(1) 利用斜面楔紧原理对工件进行夹紧。
(2) 结构简单。
(3) 具有增力特性：可将原动力放大约 3 倍。
(4) 具有自锁特性：自锁条件 $\alpha<\varphi_1+\varphi_2$。
(5) 夹紧行程小。
(6) 直接应用不方便，用作增力机构。
3. 答：(1) “基准重合”原则，即应尽量选用设计基准和工序基准作为定位基准。
(2) “基准统一”原则，即应尽可能选择加工工件多个表面时都能使用的定位基准作为精基准。这样便于保证各加工面间的相互位置精度，避免基准变换所产生的误差，并简化夹具的设计和制造。

(3)“互为基准”原则，当两个表面相互位置精度以及它们自身的尺寸与形状精度都要求很高时，可以采取“互为基准”的原则，反复多次进行精加工。

(4)“自为基准”原则，有些精加工或光整加工工序要求余量小而均匀，在加工时就应尽量选择加工表面本身作为精基准，即遵循自为基准的原则，而该表面与其他表面之间的位置精度则由先行的工序保证。

4. 答：(1) 合理采用先进工艺与设备；

(2) 直接减少原始误差；

(3) 转移原始误差；

(4) 均分原始误差；

(5) 均化原始误差；

(6) 就地加工；

(7) 控制误差因素。

四、分析与应用题

1. 答：(1) 支承平板限制 $\vec{z}$，$\overset{\curvearrowright}{x}$，$\overset{\curvearrowright}{y}$，大头孔短定位销限制 $\vec{x}$，$\vec{y}$，小头固定短 V 形块限制 $\vec{x}$，$\overset{\curvearrowright}{z}$；

(2) 有过定位现象；

(3) 因为自由度 $\vec{x}$ 被重复限制，有可能造成过定位干涉，为此可以将短定位销或者短 V 形块改成沿 x 方向滑动的结构，以消除过定位。

2. 答：答案见图 A-34。

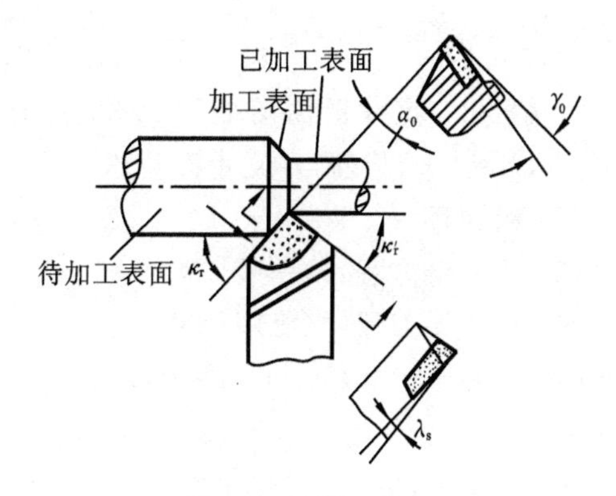

图 A-34　题 2 答案

3. 答：原图 A-31(a)零件(阶梯轴局部)的结构工艺性不好，键槽的尺寸、方位不同，加工效率低，修改后的结构如图 A-35(a)所示。

原图 A-31(b)零件(双联齿轮)的结构工艺性不好,插齿时退刀困难,难以加工,改进后的结构如图 A-35(b)所示。

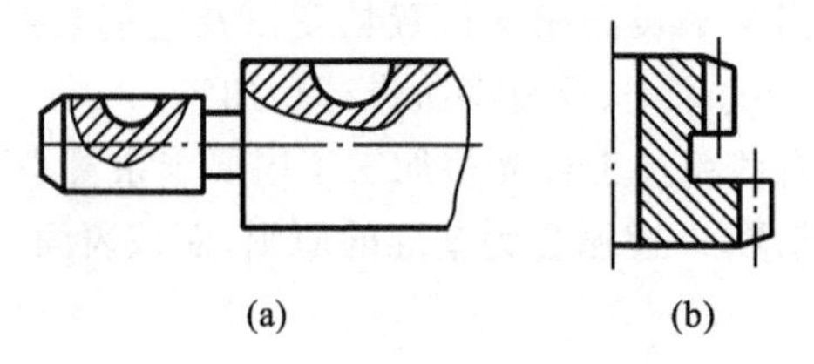

图 A-35 题 3 答案

五、计算题

1. 解:(1) 末端件的计算位移电动机 n_0 r/min——主轴 n_V r/min

(2) 传动路线表达式为

$$\text{电动机} - \text{I} - \frac{26}{54} - \text{II} - \begin{bmatrix} \frac{16}{39} \\ \frac{19}{36} \\ \frac{22}{33} \end{bmatrix} - \text{III} - \begin{bmatrix} \frac{18}{47} \\ \frac{28}{37} \\ \frac{39}{26} \end{bmatrix} - \text{IV} - \begin{bmatrix} \frac{19}{71} \\ \frac{52}{38} \end{bmatrix} - \text{V}$$

(3) 主轴的转速级数为

$$N = 1 \times 1 \times 3 \times 3 \times 2 = 18$$

(4) 主轴最大、最小转速分别为

$$n_{\text{Vmax}} = n_0 \times \frac{26}{54} \times \frac{22}{33} \times \frac{39}{26} \times \frac{52}{38} = 1450 \times \frac{26}{54} \times \frac{22}{33} \times \frac{39}{26} \times \frac{52}{38}\ \text{r/min} \approx 955\ \text{r/min}$$

$$n_{\text{Vmin}} = n_0 \times \frac{26}{54} \times \frac{16}{39} \times \frac{18}{47} \times \frac{19}{71} = 1450 \times \frac{26}{54} \times \frac{16}{39} \times \frac{18}{47} \times \frac{19}{71}\ \text{r/min} \approx 29\ \text{r/min}$$

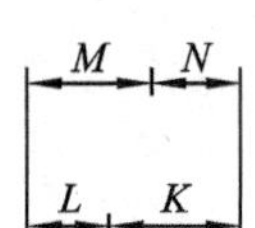

图 A-36 尺寸链简图

2. 解:(1) 尺寸链简图如图 A-36 所示。其中,$K=150^{+0.1}_{-0.2}$,$M=140^{+0.04}_{-0.02}$,$N=80^{+0.05}_{-0.03}$,调刀尺寸 L 待求。

(2) 封闭环:K。

(3) 尺寸链方程:$K=M+N-L$。

(4) 计算调刀尺寸(工序尺寸)L。

基本尺寸:$L=M+N-K=(140-80-150)$ mm$=70$ mm

$ES_K=ES_M+ES_N-EI_L \Rightarrow$

$EI_L=ES_M+ES_N-ES_K=(0.04+0.05-0.1)$ mm$=-0.01$ mm

$EI_K=EI_M+EI_N-ES_L \Rightarrow$

$ES_L=EI_M+EI_N-EI_K=[-0.02+(-0.03)-(-0.2)]$ mm$=+0.15$ mm

所以，$L=70_{-0.01}^{+0.15}$ mm

标注成对称偏差的形式：$L=70.07\pm0.08$ mm

模拟试题五

一、单项选择题(每小题 2 分，共 40 分)

1. 刀具基面的定义是(　　)。

A. 通过主切削刃上选定点，垂直于该点正交平面的平面

B. 通过主切削刃上选定点，平行于该点切削速度方向的平面

C. 通过主切削刃上选定点，垂直于该点切削平面的平面

D. 通过主切削刃上选定点，垂直于该点切削速度方向的平面

2. 在其他条件不变的情况下，增大(　　)，车削外圆柱面工件的粗糙度值将减小。

A. 刀尖圆弧半径　　B. 进给量

C. 切削速度　　D. 刀具主偏角

3. 下列关于滚齿机传动链的说法中，错误的是(　　)。

A. 滚切直齿圆柱齿轮时，也可能需要差动传动链

B. 差动传动链是内联系传动链

C. 只有滚切斜齿圆柱齿轮时，才需要差动传动链

D. 展成传动链是内联系传动链

4. 积屑瘤的产生主要取决于(　　)。

A. 切削温度　　B. 切削力

C. 进给量　　D. 背吃刀量

5. (　　)不属于误差预防技术。

A. 均分原始误差　　B. 均化原始误差

C. 就地加工　　D. 偶件自动配磨

6. 一般而言，产品的(　　)，其结构工艺性越好。

A. 零件总数越多　　B. 机械零件的平均精度越高

C. 材料需要量越大　　D. 装配的复杂程度越简单

7. 如果(　　)变化，并不改变工步的划分。

A. 加工表面　　B. 切削刀具

C. 切削用量　　D. 走刀次数

8. 某机床床身导轨面的加工要求余量均匀，那么应以(　　)作粗基准。

A. 床脚平面

B. 导轨面

C. 床身上除 A、B 所指表面以外的表面

D. 侧面

9.（　　）一般能提高工件的位置精度。

A. 珩磨　　B. 精车　　C. 抛光　　D. 研磨

10.（　　）加工不需要加工工具。

A. 电火花　　B. 电解　　C. 激光　　D. 超声波

11. 用圆拉刀拉孔，是采用（　　）原则确定精定位基准。

A. 基准重合　　B. 基准统一　　C. 互为基准　　D. 自为基准

12. 工序集中可减少（　　）。

A. 基本时间

B. 辅助时间

C. 休息与生理需要时间

D. 操作工人掌握生产技术的时间

13. 尺寸链计算中的中间计算是（　　）。

A. 已知封闭环，求组成环

B. 已知组成环，求封闭环

C. 已知封闭环及部分组成环，求其余组成环

D. 已知增环，求减环

14. 在其他条件不变的情况下，工艺系统的刚度增大，工件加工误差（　　）。

A. 增大　　B. 减小

C. 不变　　D. 可能增大，也可能减小

15. 某机床型号为 Y3150E，其中“50”表示该机床（　　）。

A. 可加工的最大工件直径为 $\phi50$

B. 可加工的最大工件直径为 $\phi500$

C. 可加工的最小工件直径为 $\phi50$

D. 可加工的最小工件直径为 $\phi500$

16. 下列关于砂轮特性的说法中，正确的是（　　）。

A. 磨料应具有高硬度、高耐热性和一定的韧度

B. 一般来说，粒度号越大，砂轮磨料颗粒越大

C. 砂轮越软，磨粒越不易脱落

D. 组织号越大，磨粒所占体积越小

17. 当一批工件尺寸的标准差减小时，意味着加工该批工件工序的（　　）。

A. 工序能力减弱　　B. 工序能力增强

C. 常值系统误差减小　　D. 常值系统误差增大

18. 在尺寸链中，其余各环不变，当该环尺寸减小，使封闭环尺寸相应减小的是(　　)。

A. 减环　　B. 增环

C. 公共环　　D. 封闭环

19. 主偏角是在(　　)的夹角。

A. 正交平面内测量的前刀面与基面间

B. 正交平面内测量的主后刀面与切削平面

C. 基面内测量的主切削刃在基面上的投影与假定进给运动方向

D. 切削平面内测量的主切削刃与基面间

20. 划分加工阶段，(　　)。

A. 便于测量并控制工序尺寸　　B. 便于减少工件运输工作量

C. 便于调整机床　　D. 可合理使用机床

二、多项选择题(每小题 2 分，共 10 分)

1. (　　)组成标注刀具角度的正交平面参考系。

A. 基面　　B. 切削平面　　C. 法平面　　D. 正交平面

2. 已知某定位方案属于过定位，那么，这个方案还可以属于(　　)。

A. 完全定位　　B. 不完全定位

C. 欠定位　　D. 组合定位

3. (　　)具有自锁特性。

A. 杠杆夹紧机构　　B. 螺旋夹紧机构

C. 联动夹紧机构　　D. 偏心夹紧机构

4. 机械加工工艺规程是(　　)。

A. 组织车间生产的主要技术文件

B. 生产准备和计划调度的主要依据

C. 新建或扩建工厂、车间的基本技术文件

D. 产品营销管理的主要技术文件

5. 工艺尺寸链中的(　　)一般以封闭环的形式出现。

A. 工序尺寸　　B. 加工余量

C. 渗层厚度要求　　D. 位置精度的设计要求

三、问答题(每小题 5 分，共 20 分)

1. 划分加工阶段有什么作用?

2. 提高机床导轨导向精度的主要措施有哪些?

3. 精加工中避免产生或减小积屑瘤的措施有哪些?

4. 说明顺铣的主要特征、特点和适用场合。

四、分析与应用题(每小题 5 分,共 15 分)

1. 试分别画出在下述各种条件下车削轴类工件后的大致零件形状。

(1) 工艺系统中,零件为细长轴,其刚度相对较差,刀具和机床刚度很好;

(2) 工艺系统中,尾座的刚度相对较差,其他部分的刚度很好;

(3) 工艺系统中,刀架的刚度相对较差,其他部分的刚度很好;

(4) 工艺系统中,刀具磨损较快,系统的刚度很好。

2. 试分析图 A-37 所示的定位方案,各定位元件分别限制了工件的哪几个自由度?有无过定位现象?如果有,如何消除?

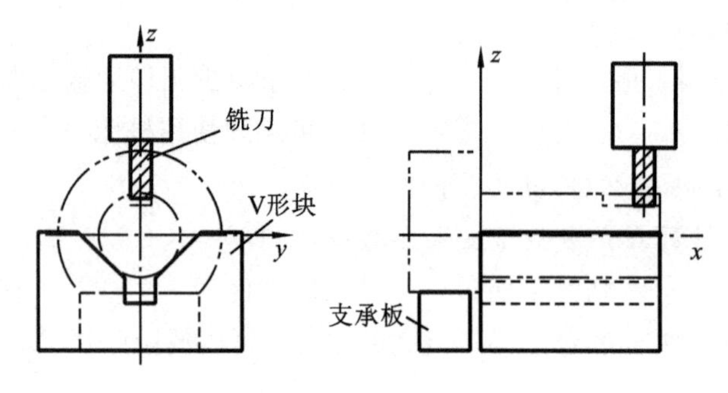

图 A-37　题 2 图

3. 试绘制滚齿机滚切斜齿圆柱齿轮时的传动原理图,并指出其中的外联系传动链的名称、传动路线。

五、计算题(共 15 分)

1. 在车床上车削一批小轴,经测量实际尺寸大于要求尺寸,从而需要返修的小轴占总数的 18.41%,小于要求尺寸且不能返修的小轴占总数的 1.79%。若小轴的直径公差 $T=0.15$ mm,整批工件尺寸服从正态分布,试确定该工序尺寸的均方差 σ,工序能力系数 C_p 及车刀调整误差 δ。已知标准正态分布面积函数:$F(0.5)=0.1915$,$F(0.7)=0.2580$,$F(0.9)=0.3159$,$F(1.1)=0.3643$,$F(1.5)=0.4332$,$F(2.1)=0.4821$,$F(2.3)=0.4893$,$F(2.5)=0.4938$,$F(3.0)=0.49865$。

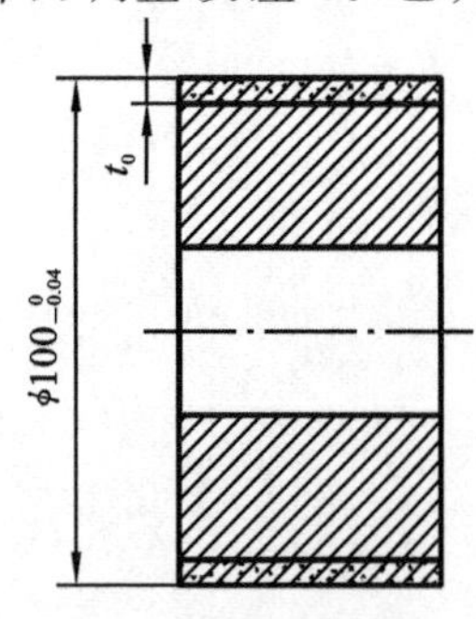

图 A-38　题 2 图

2. 图 A-38 所示套筒零件,其外圆要求渗氮处理,渗氮层深度 t_0 规定为$0.25_{-0}^{+0.2}$ mm(单边)。与渗氮有关的加工工序有:(1)磨外圆至直径尺寸 $\phi100.3_{-0.04}^{+0}$ mm;(2)渗氮处理,控制渗氮层深度为 t_1;(3)精磨外圆至尺寸 $\phi100.3_{-0.04}^{+0}$ mm,同时保证渗氮层深度达到规定要求。试确定 t_1 的数值。要求:画出尺寸链简图,指出封闭环,写出尺寸链方程和计算步骤。

模拟试题五参考答案

一、单项选择题

1. D　2. A　3. C　4. A　5. D

6. D　7. D　8. B　9. B　10. C

11. D　12. B　13. C　14. B　15. B

16. A　17. B　18. B　19. C　20. D

二、多项选择题

1. ABD　2. ABCD　3. BD　4. ABC　5. BCD

三、问答题

1. 答:(1) 能减小或消除内应力、切削力和切削热对精加工的影响;

(2) 有利于及早发现毛坯缺陷并得到及时处理;

(3) 便于安排热处理;

(4) 可合理使用机床;

(5) 表面精加工安排在最后,可避免或减少在夹紧和运输过程中损伤已精加工过的表面。

2. 答:提高导轨导向精度的关键在于提高机床导轨的制造精度及其精度保持性。为此,可采取如下措施:

(1) 选用合理的导轨形状和导轨组合形式,并在可能的条件下增加工作台与床身导轨的配合长度;

(2) 提高机床导轨的制造精度,主要是提高导轨的加工精度和配合接触精度;

(3) 选用适当的导轨类型。

3. 答:(1) 避开产生积屑瘤的中速区,采用较高或较低的切削速度;

(2) 采用润滑性能好的切削液,减小摩擦;

(3) 增大刀具前角,减小刀-屑接触压力;

(4) 采用适当的热处理方法提高工件硬度,减小加工硬化倾向。

4. 答:特征:切削部位刀齿旋转方向与工件进给方向相同。

特点:顺铣时,切削厚度由大到小,刀齿接触工件就能进行切削;铣削力始终压向工作台,可避免工件上下振动,提高铣刀的耐用度和加工表面质量。但顺铣时由于水平切削分力与进给方向相同,可能使铣床工作台产生窜动,引起振动和进给不均匀。加工有硬皮的工件时,由于刀齿首先接触工件表面硬皮,会加速刀齿的磨损。

适用场合:精加工。

四、分析与应用题

1. 解：答案见图 A-39 至图 A-42。

（1）

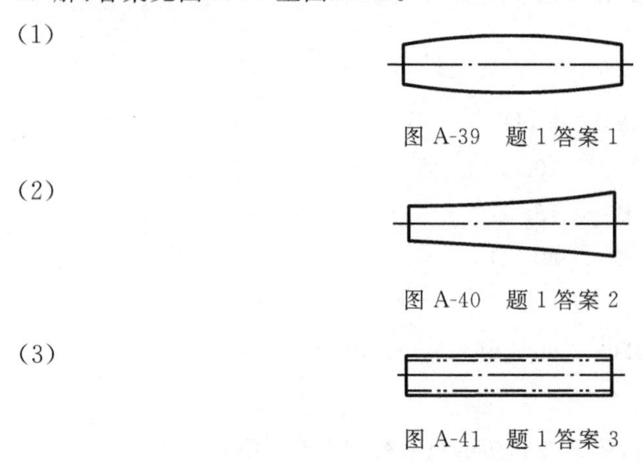

图 A-39　题 1 答案 1

（2）

图 A-40　题 1 答案 2

（3）

图 A-41　题 1 答案 3

图中的双点画线为加工开始前刀尖的位置，这种情况工件的直径将增大。

（4）

图 A-42　题 1 答案 4

2. 解：各定位元件约束的自由度如下。

V 形块：$\vec{y}$，$\overset{\curvearrowright}{y}$，$\vec{z}$，$\overset{\curvearrowright}{z}$。V 形块左侧边：$\vec{x}$。

支承板：$\overset{\curvearrowright}{x}$。

没有过定位存在；由于加工键槽需要约束除 $\overset{\curvearrowright}{x}$ 外的 5 个自由度，所以不存在过定位。

3. 解：滚齿机滚切斜齿圆柱齿轮时的传动原理图如图 A-43 所示。其中的外联系传动链有两条：

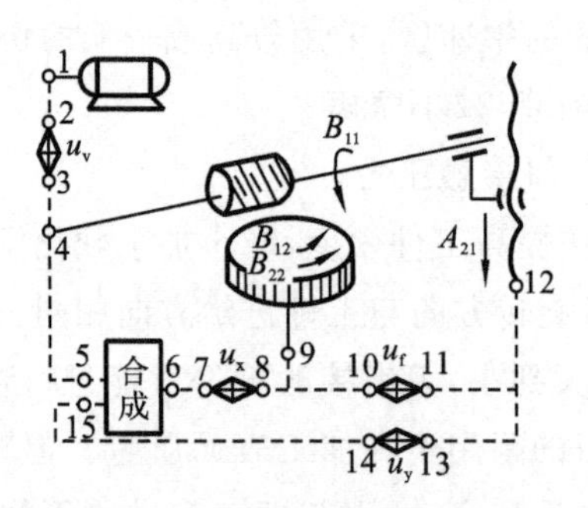

图 A-43　传动原理图

（1）主运动传动链，传动路线为 $1-2-u_v-3-4$；

(2) 轴向进给传动链，传动路线为 $9-10-u_f-11-12$。

五、计算题

1. 解：(1) 求该工序尺寸的均方差 σ。

设该批小轴的平均直径为 $\bar{d}$，公差带规定的最大极限直径和最小极限直径分别为 d_{max} 和 d_{min}，令

$$z_1=\frac{d_{max}-\bar{d}}{\sigma},\quad z_2=\frac{\bar{d}-d_{min}}{\sigma}$$

依题意，有

$$F(z_1)=0.5-18.41\%=0.3159=F(0.9)$$

$$\Rightarrow z_1=\frac{d_{max}-\bar{d}}{\sigma}=0.9\Rightarrow d_{max}=z_1\sigma+\bar{d} \qquad ①$$

$$F(z_2)=0.5-1.79\%=0.4821=F(2.1)$$

$$\Rightarrow z_2=\frac{\bar{d}-d_{min}}{\sigma}=2.1\Rightarrow d_{min}=\bar{d}-z_2\sigma \qquad ②$$

式①减式②，得

$$T=d_{max}-d_{min}=(z_1+z_2)\sigma\Rightarrow\sigma=\frac{T}{z_1+z_2}=\frac{0.15}{0.9+2.1}\ \text{mm}=0.05\ \text{mm}$$

(2) 计算工序能力系数。

$C_p=\dfrac{T}{6\sigma}=\dfrac{0.15}{6\times0.05}=0.5$，工序能力不足。

(3) 计算调刀误差。

公差带中心

$$d_M=\frac{d_{max}+d_{min}}{2}=\bar{d}+\frac{z_1-z_2}{2}\sigma$$

调刀误差

$$\delta=\bar{d}-d_M=-\frac{z_1-z_2}{2}\sigma=-\frac{0.9-2.1}{2}\times0.05\ \text{mm}=0.03\ \text{mm}$$

2. 解：(1) 尺寸链简图如图 A-44 所示。其中，$r_2=50^{+0}_{-0.02}$，$r_1=50.15^{+0}_{-0.02}$，$t_0=0.25^{+0.2}_{-0}$。

(2) 封闭环为 t_0。

(3) 尺寸链方程：$t_0=t_1+r_2-r_1$。

(4) 计算。

基本尺寸：$t_1=r_1+t_0-r_2=(50.15+0.25-50)\ \text{mm}=0.40\ \text{mm}$

上偏差：

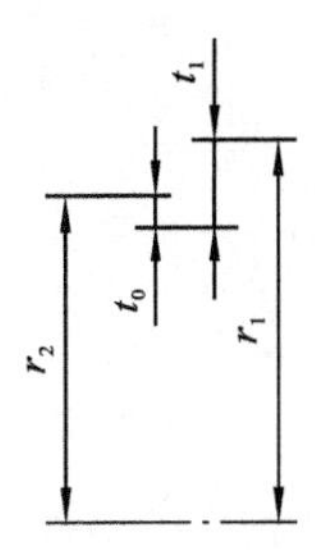

图 A-44　尺寸链简图

$ES_{t0}=ES_{t1}+ES_{r2}-EI_{r1}\Rightarrow$

$ES_{t1}=ES_{t0}+EI_{r1}-ES_{r2}=[0.2+(-0.02)-0]\ mm=+0.18\ mm$

下偏差：

$EI_{t0}=EI_{t1}+EI_{r2}-ES_{r1}\Rightarrow$

$EI_{t1}=EI_{t0}+ES_{r1}-EI_{r2}=[0+0-(-0.02)]\ mm=+0.02\ mm$

所以，$t_1=0.40^{+0.18}_{+0.02}$ mm。

按照入体原则标注：$t_1=0.42^{+0.16}_{-0}$ mm。

参考文献

［1］ 贾亚洲.切削机床概论［M］.北京:机械工业出版社,1998.

［2］ 吴善元.金属切削原理与刀具［M］.北京:机械工业出版社,1995.

［3］ 王晓霞,桂兴春,张霞.机床夹具设计［M］.哈尔滨:黑龙江科学技术出版社,2006.

［4］ 王先奎.机械制造工艺学［M］.北京:机械工业出版社,2007.

［5］ 张建华.精密与特种加工技术［M］.北京:机械工业出版社,2003.